Neues verkehrswissenschaftliches Journal

Ausgabe 17

e-Bürgerbus

Verstetigung eines nachhaltigen Mobilitätskonzepts in der Region Stuttgart

Im Auftrag des Ministeriums für Verkehr Baden-Württemberg

Prof. Dr.-Ing. Ullrich Martin

Prof. Dr. Georg Herzwurm

Dr. rer. nat. Fabian Hantsch

Dipl.-Kfm. (FH) Benedikt Krams, M. Sc.

Dipl.-Ing. Matthias Körner

Institut für Eisenbahn- und Verkehrswesen der Universität Stuttgart

Lehrstuhl für ABWL und Wirtschaftsinformatik II der Universität Stuttgart

Verkehrswissenschaftliches Institut Stuttgart GmbH

April 2017

Herstellung und Verlag: Books on Demand GmbH, Norderstedt

Printed in Germany

ISBN 978-3-7431-6806-0

Vorwort

Liebe Leserinnen und Leser,

Bürgerbusse sind seit nunmehr 16 Jahren auch in Baden-Württemberg eine nicht mehr wegzudenkende Ergänzung des besonders in ländlichen Räumen oftmals immer stärker ausgedünnten konventionellen ÖPNV-Angebots. Seitdem hat diese alternative Bedienungsform einen enormen Aufschwung erlebt – heute zählt Baden-Württemberg mehr als 40 Bürgerbusvereine, die durch ehrenamtliches Engagement die ÖPNV-Versorgung auch in eher schwach besiedelten Räumen sinnvoll ergänzen. Gerade vor dem Hintergrund des fortschreitenden demografischen Wandels ist auch zukünftig mit einem Anwachsen des Bedarfs nach derartigen Mobilitätsdienstleistungen zu erwarten.

Die im Bürgerbusverkehr vorliegenden verbindlich geplanten Linienverläufe und vergleichsweise kurzen Wegstrecken von etwa 100 km pro Tag bilden dabei vor dem Hintergrund der mit heutiger Technik realisierbaren Reichweiten ein attraktives Anwendungsszenario für Elektrofahrzeuge, weswegen eine Verbindung der beiden Themen Bürgerbus und Elektromobilität naheliegt. In dem hier beschriebenen Projekt „e-Bürgerbus" konnte der erste rein elektrisch betriebene Bürgerbus mit einem zulässigen Gesamtgewicht von 3,5 Tonnen in Deutschland erworben, im Praxisbetrieb erfolgreich eingesetzt und unter verschiedenen Einsatzbedingungen erprobt werden. In diesem Bericht stellen wir die Ergebnisse der wissenschaftlichen Evaluation des Einsatzes dieses elektrisch betriebenen Bürgerbusses vor. Dabei werden neben den fahrzeugseitigen auch die für den Bürgerbusbetrieb zu berücksichtigenden Aspekte beleuchtet. Die gewonnenen Erkenntnisse bilden die Grundlage für eine Weiterentwicklung des Bürgerbuskonzepts mit Blick auf die künftigen Herausforderungen des Nahverkehrs in kleineren Städten und Gemeinden. Dabei wird besonderes Augenmerk auf die Nachnutzbarkeit und Übertragbarkeit auf weitere interessierte Kommunen mit oder ohne bestehende Bürgerbusverkehre gelegt.

Ein herzlicher Dank gilt dem Ministerium für Verkehr Baden-Württemberg, welches die Durchführung dieses Forschungsprojektes durch die Sicherstellung der Finanzierung im Rahmen der Bundesinitiative „Schaufenster Elektromobilität" in Baden-

Württemberg (LivingLab BWe mobil) im Programm NAMOREG (Nachhaltig mobile Region Stuttgart) nicht nur ermöglicht hat, sondern damit gleichzeitig auch wichtige Impulse für eine systematische Verstetigung nachhaltiger Mobilitätskonzepte im Ehrenamtsverkehr setzt. Ebenso danken wir der Landesagentur e-mobil BW für die Unterstützung in der Projektentstehung sowie der Nahverkehrsgesellschaft Baden-Württemberg für die inhaltliche und organisatorische Unterstützung in der Projektarbeit. Besonderer Dank und hohe Anerkennung gilt darüber hinaus den Bürgerbusvereinen der beteiligten Anwendungskommunen Salach, Ebersbach (Fils), Uhingen und Wendlingen mit ihren ehrenamtlichen Fahrerinnen und Fahrern, die unter laufendem Betrieb in Schulungen und Praxiseinsätzen eine Erprobung unter Realbedingungen überhaupt erst möglich gemacht haben.

Als einmaliges Projekt im Rahmen des Schaufensters Elektromobilität wurde abseits der viel beachteten urbanen Zentren erstmals der Einsatz eines leichten Nutzfahrzeugs für den Personentransport mit Elektroantrieb als verkehrliches Projekt in einem menschendienlichen Kontext in ländlich geprägten Räumen untersucht. Denn neben der reinen Technologieförderung gilt es, diese Technologie auch zu den Menschen zu bringen.

Stuttgart, im April 2017

Prof. Dr.-Ing. Ullrich Martin   Prof. Dr. Georg Herzwurm

Inhaltsverzeichnis

Abbildungsverzeichnis

Tabellenverzeichnis

1   Einführung

Ehrenamtlich organisierte Mobilität kann einen wesentlichen Bestandteil darstellen, um in ländlich geprägten Räumen und Agglomerationen der Kernstädte das oft spärliche Mobilitätsangebot für die dort lebenden Menschen dauerhaft zu verbessern.

Bürgerbusse stellen eine Form ehrenamtlicher Mobilität dar, um Lücken im bestehenden Angebot des Öffentlichen Personennahverkehrs (ÖPNV) zu schließen.[1] Dabei ist ein Bürgerbusverkehr ein „…Linienverkehr auf konzessionierten Strecken gemäß § 42 PBefG (Personenbeförderungsgesetz, Anm. d. Verf.) (…) und wird nach einem festen Fahrplan bedient. (…) Sie (die Bürgerbusverkehre, Anm. d. Verf.) fahren in Ergänzung zum klassischen ÖPNV in unterversorgten Nischen, in denen weder ein herkömmlicher Linienverkehr noch flexible Bedienformen adäquate Lösungen bieten." [Löcker et al. 2014] Ein wesentliches Merkmal von Bürgerbusverkehren ist darüber hinaus ein dichtes Haltestellennetz, um insbesondere mobilitätseingeschränkten Bürgern kurze Wege von und zu den Haltestellen zu ermöglichen.

Durch die Elektrifizierung des Antriebsstrangs des Bürgerbusfahrzeugs entsteht eine in Deutschland in weiten Teilen gewünschte und politisch geförderte Form der Fortbewegung. Im Sinne eines nachhaltigen Mobilitätskonzepts ist ein elektrisch betriebener Bürgerbus (e-Bürgerbus) im Spannungsfeld der Zieltrias nachhaltiger Mobilität, bestehend aus ökologischer und ökonomischer Vorteilhaftigkeit bei gleichzeitig sozialer Verträglichkeit (vgl. [Kolks/Fiedler 2003]), ein zukunftsträchtiges Mobilitätskonzept.

Eine Informationsbroschüre des Ministeriums für Verkehr Baden-Württemberg fasst die Ziele nachhaltiger Mobilität wie folgt zusammen: „Nachhaltige Mobilität heißt, die heutigen Mobilitätsbedürfnisse in Zukunft in einer dauerhaft umweltverträglichen Weise zu gewährleisten. Dies gilt für Menschen und Wirtschaft. Zudem müssen die Mobilitätschancen benachteiligter Bevölkerungsgruppen verbessert werden." [MVI BW 2015b]

---

[1] Formen ehrenamtlicher Mobilität werden unter dem Begriff Gemeinschaftsverkehre subsumiert. Ein weiteres Beispiel sind Bürgerautos. Eine Übersicht mit Ausprägungen von Gemeinschaftsverkehren befindet sich in [NVBW 2017] sowie [NVBW 2015c].

Bürgerbusse mit konventionellem Antrieb stellen keine Neuerung dar. Der erste Bürgerbusverein wurde im Jahr 1939 in Großbritannien gegründet.[2] Der erste Bürgerbus nach heutigem Verständnis fuhr in Großbritannien im Jahr 1966. (vgl. [Löcker et al. 2014]) Nach Deutschland kam der Bürgerbus 1985 auf Basis des Vorbilds des ersten niederländischen Bürgerbusses aus dem Jahr 1977. (vgl. [Kolks/Fiedler 2003] sowie [Burmeister 2007]) Die Premiere des ersten deutschen Bürgerbusses fand am 4. März 1985 im Münsterland zwischen den Gemeinden Heek und Legden statt. (vgl. [Löcker et al. 2014], [Burmeister 2007] sowie [Schiefelbusch 2015])

2014 gab es über 260 Bürgerbusvereine im Bundesgebiet. (vgl. [Löcker et al. 2014]) Stand 2015 ist die Verbreitung mit ca. 120 Bürgerbusvereinen in Nordrhein-Westfalen am größten, gefolgt von mehr als 40 Bürgerbusvereinen in Niedersachsen und je ca. 30 Initiativen in Baden-Württemberg und Bayern. Es ist festzustellen, „...dass die Akzeptanz von Bürgerbussen für die Planung von kommunalen ÖPNV-Angeboten in den letzten Jahren stark zugenommen hat." [Löcker et al. 2014]

Elektrisch betriebene Bürgerbusse stellen in Deutschland eine absolute Seltenheit dar. In dem diesem Bericht zugrundeliegenden Verständnis von Bürgerbussen und den zu erfüllenden Anforderungen an das Fahrzeug gab es vor Projektbeginn noch kein realisiertes Konzept in Deutschland, weshalb es zu einer Förderung im Rahmen des Förderprogramms Schaufenster Elektromobilität kam. [Schaufenster Elektromobilität 2014] Das Projekt e-Bürgerbus war eines von ca. 40 Projekten im Schaufenster Elektromobilität Baden-Württemberg, dem so genannten LivingLab BWe mobil, das aus Landesmitteln der Initiative Nachhaltig mobile Region Stuttgart (NAMOREG) durch das Verkehrsministerium Baden-Württemberg gefördert wurde.

Projektpartner waren insbesondere für die wissenschaftliche Untersuchung des Testbetriebs das Institut für Eisenbahn- und Verkehrswesen der Universität Stuttgart sowie der Lehrstuhl für ABWL und Wirtschaftsinformatik II des Betriebswirtschaftlichen Instituts der Universität Stuttgart. Unterstützt wurden diese vom Verkehrswissenschaftlichen Institut Stuttgart GmbH. Beratend war die Nahverkehrsgesellschaft

---

[2] Details hierzu sind allerdings weitestgehend unbekannt. (vgl. [Löcker et al. 2014], [Schiefelbusch 2015] sowie [Schiefelbusch 2015])

Baden-Württemberg mbH (NVBW) mit der Kompetenzstelle „Innovative Angebots-formen im ÖPNV" tätig.

Als Anwendungskommunen mit bereits existierenden Bürgerbusverkehren konnten im Landkreis Göppingen die Gemeinde Salach, die Städte Uhingen sowie Ebersbach und im Landkreis Esslingen die Stadt Wendlingen am Neckar gewonnen werden. Das Projekt hatte eine Laufzeit von Juli 2014 bis Dezember 2016 (30 Monate).

Dieser Bericht stellt im folgenden Kapitel 2 die Projektziele vor und erläutert in Kapitel 3 die Vorgehensweise im Forschungsprojekt anhand der bearbeiteten Arbeitspakete. Die Kapitel 4 bis 6 zeigen die Ergebnisse der einzelnen Arbeitspakete. Dabei handelt es sich um die Ist-Analyse der Anwendungskommunen des Projekts (Arbeitspaket (AP) 1), in denen ein Bürgerbusverkehr bereits zu Projektbeginn bestand und in denen der beschaffte e-Bürgerbus eingesetzt wurde. AP 2 bildet die Beschaffung des e-Bürgerbusses und der Ladeinfrastruktur. Der Realeinsatz des Fahrzeugs als Feldtest im Testbetrieb wurde in AP 3 untersucht. Der Projektbericht zeigt in Kapitel 7 mit dem Fazit u. a. Handlungsempfehlungen für den Einsatz von e-Bürgerbussen auf und schließt in Kapitel 8 mit einem Ausblick.

2 Projektziele

Ziel des Projektes e-Bürgerbus war die praktische Erprobung und Evaluation des Einsatzes von elektrisch betriebenen oder mit Hybridantrieb ausgestatteten Bürgerbussen in kleineren Städten und Gemeinden in der Region Stuttgart. Dabei lag ein Schwerpunkt auf der Weiterentwicklung des Bürgerbuskonzepts im Hinblick auf die künftigen verkehrlichen Herausforderungen insbesondere in ländlich geprägten Regionen unter Berücksichtigung ökonomischer, ökologischer und sozialer Gesichtspunkte.

Die Ergebnisse dieser Erprobung fließen in diesen Abschlussbericht ein, der zuständigen Ministerien in Baden-Württemberg sowie interessierten Bürgerbuslandesverbänden und -vereinen fundiert die Sinnhaftigkeit des Einsatzes von e-Bürgerbussen in Abhängigkeit kommunaler Besonderheiten liefern soll. Insbesondere können die Ergebnisse für den Vergleich mit dem Einsatz konventionell betriebener Bürgerbusse herangezogen werden.

Dieser Abschlussbericht kann als Basis für Förderrichtlinien für den Einsatz von e-Bürgerbussen als Ergänzung des ÖPNV herangezogen werden (z. B. zwecks Formulierung Förderquoten für die Beschaffung und dem großzahligen Einsatz von e-Bürgerbussen in Baden-Württemberg). Neben technologiebezogenen Erkenntnissen aus der Beschaffung und dem Betrieb des e-Bürgerbusses beantwortet die Vorlage explizit auch betriebswirtschaftliche Fragestellungen zur Sinnhaftigkeit des Einsatzes elektrisch betriebener Minibusse als e-Bürgerbusse.

Hierauf aufbauend ist ein praxisorientierter Leitfaden für die erfolgreiche Implementierung von e-Bürgerbussen für interessierte Kommunen und Bürger in der Region Stuttgart (und darüber hinaus) erstellt worden, um die Übertragbarkeit der Projektergebnisse zusätzlich zu gewährleisten [NVBW 2017]. Dieser Leitfaden ergänzt mit Schwerpunkt auf der Elektromobilität das Handbuch „BürgerBusse in Fahrt bringen", das insbesondere organisatorische Hilfestellungen für die Gründung und den Betrieb von Bürgerbusvereinen bietet [NVBW 2015b].

3 Vorgehensweise

Die Vorgehensweise im Projekt folgte vier Arbeitspaketen, die teilweise parallel bearbeitet werden konnten, teilweise sachlogisch aufeinander gefolgt sind.

Dabei handelte es sich bei AP 1 um die Ist-Analyse der vier Anwendungskommunen des Projekts. Kernaspekt dieses AP war die Durchführung einer Kontextanalyse für die Erfassung der jeweiligen Rahmenbedingungen, unter denen die einzelnen Bürgerbusvereine der Anwendungskommunen agieren. Darüber hinaus galt es Potenziale, Best Practices aber auch etwaige Worst Cases im Betrieb der Bürgerbusvereine zu identifizieren (siehe hierzu auch Kapitel 4).

Die Abbildung 3-1 zeigt Phasen und Verantwortlichkeiten des AP 1, darüber hinaus einzelne Teilaufgaben, Meilensteine sowie den zeitlichen Aufwand, der anteilig je Phase geplant wurde.

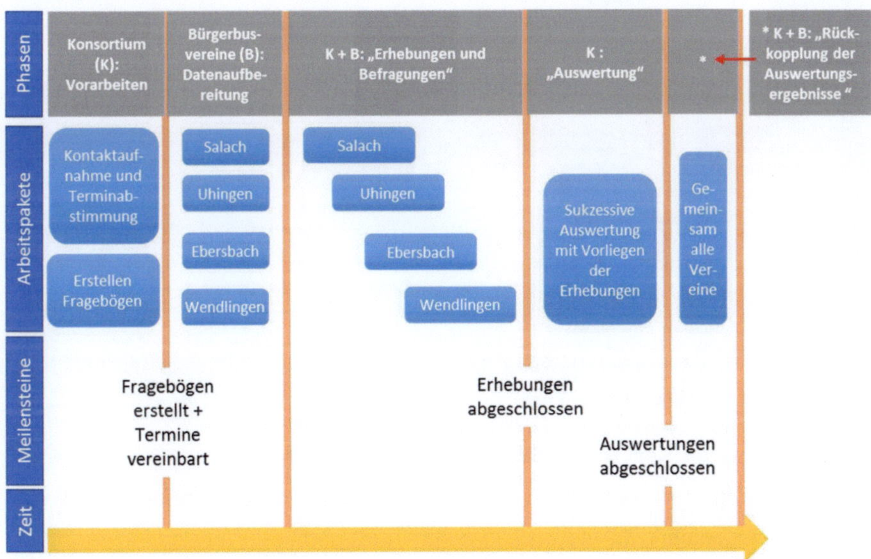

Abbildung 3-1: Detailplanung des Arbeitspakets 1 „Analyse Ist-Zustand"

Wie der Abbildung 3-1 entnommen werden kann, wurde ein fragebogenbasiertes Erhebungsdesign gewählt und durch das Konsortium, die Universitätsinstitute, erstellt. Wesentliche Meilensteine waren die Fertigstellung der Fragebögen, der Abschluss der Erhebungen sowie die Auswertung. Kapitel 4.2 gibt insbesondere über das Forschungsdesign Aufschluss.

In AP 2 stand die Beschaffung des e-Bürgerbusses im Fokus, die Beschaffung der Ladeinfrastruktur für den e-Bürgerbus erfolgte flankierend in Abstimmung mit dem Fahrzeuglieferanten. Aufgaben des AP 2 waren die Durchführung einer Marktanalyse, die Erstellung der Ausschreibungsunterlagen, die Bewertung der eingegangenen Angebote sowie die Auftragserteilung. Detaillierte Informationen befinden sich in Kapitel 5. Dieses AP 2 wurde zeitgleich mit AP 1 begonnen. Die folgende Abbildung 3-2 gibt die Detailplanung des AP 2 wieder.

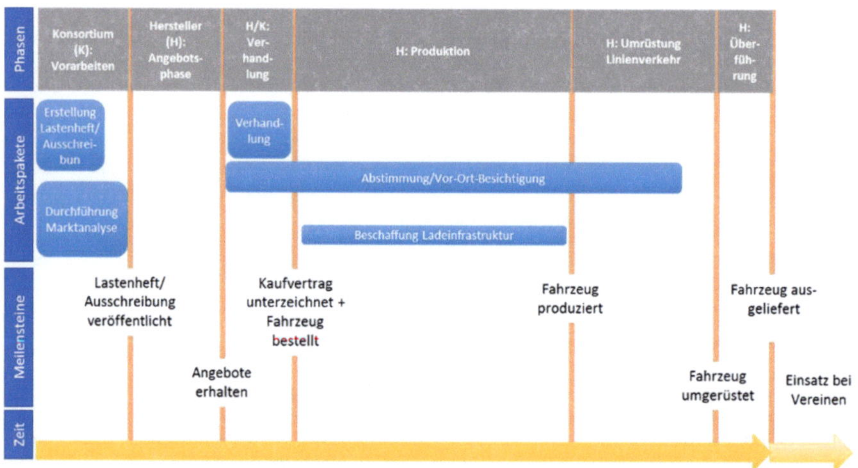

Abbildung 3-2:   Detailplanung des Arbeitspakets 2 „Beschaffung e-Bürgerbus und Ladeinfrastruktur"

In AP 3 wurde der Realeinsatz des Fahrzeugs im Testbetrieb untersucht. Neben einer kurzen Phase mit Testfahrten durch die beteiligten Forschungseinrichtungen lag das Hauptaugenmerk auf dem Einsatz des e-Bürgerbusses in den Anwendungskommunen unter realen Alltagsbedingungen im Linienbetrieb. Ein Kernaspekt war die Beurteilung des Praxiseinsatzes in unterschiedlichen Kommunen sowie unterschiedlichen Einsatzszenarien. Abbildung 3-3 gibt u. a. Aufschluss über die einzelnen Teilaufgaben, Kapitel 6 legt die Ergebnisse des AP 3 ausführlich dar.

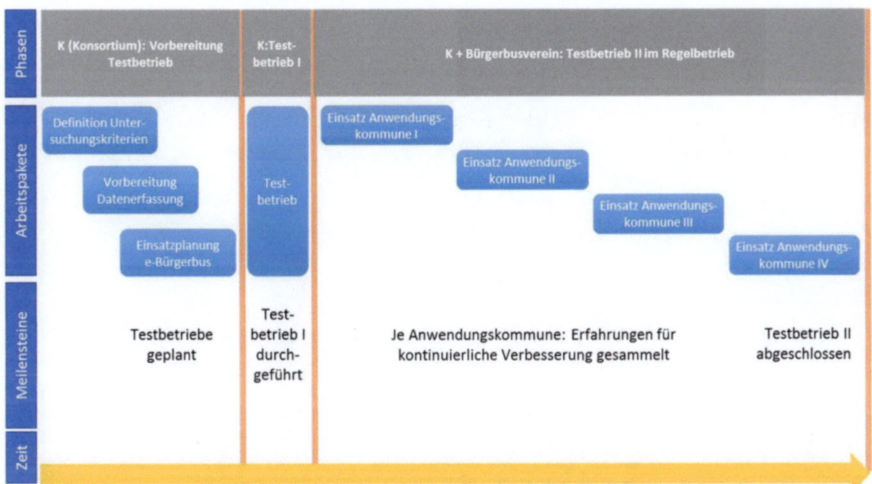

Abbildung 3-3:   Detailplanung des Arbeitspakets 3 „Testbetrieb"

In AP 4 stand die Aufbereitung der Projektergebnisse und deren Verbreitung im Vordergrund. Dazu zählten praxisnahe Veröffentlichungen wie beispielsweise der in Kapitel 2 genannte Leitfaden [NVBW 2017] oder Beiträge in Fachmagazinen (z. B. Fachmagazin Regiotrans [Martin et al. 2015], oder das Magazin der Universität Stuttgart, Forschung Leben [Braitmaier 2015]), aber auch öffentliche Veranstaltungen. Hervorzuheben sind die offizielle Kick-Off-Veranstaltung im September 2014 in der Anwendungskommune Salach, die NAMOREG-Fachtagung des Ministeriums für Verkehr Baden-Württemberg im Januar 2016 in Stuttgart sowie die Fahrzeugbesichtigung des Ministers für Verkehr des Landes Baden-Württemberg im August 2016 in Ebersbach (vgl. Abbildung 3-4).

Abbildung 3-4:   Fahrzeugbesichtigung des Ministers für Verkehr des Landes Baden-Württemberg im August 2016 (Foto: von Molo)

Weitere Maßnahmen der Öffentlichkeitsarbeit waren:

- Projektvorstellungen auf den Verbandstagen des Landesverbands proBürgerBus Baden-Württemberg e.V. im September 2015 in Denkendorf sowie im Oktober 2016 in Ebersbach
- Vorstellung von Teilergebnissen auf der LivingLab BWe mobil Konferenz „Das Schaufenster Baden-Württemberg elektrisiert – Ergebnisse. Erkenntnisse. Ausblick" im November 2015 in Esslingen
- Offizielle Schlüsselübergabe des e-Bürgerbusses im Mai 2016 in Stuttgart
- Vorstellung von Handlungsempfehlungen auf Workshops der Akademie Ländlicher Raum Baden-Württemberg zum Thema „Ergänzende Mobilitätsangebote im Ländlichen Raum", z. B. mit einer e-Bürgerbusvorstellung in Schwäbisch Gmünd im Juli 2016
- Fachvortrag auf der zweiten Fachkonferenz EMOTIF (Elektromobiles Thüringen in der Fläche) mit dem Tagungstitel „Chancen und Potentiale von Elektromobilität in ländlichen Räumen" im September 2016 in Erfurt
- e-Bürgerbusausstellung auf der Messe „World of Energy Solutions" in Stuttgart im Oktober 2016

Ergänzend zu Kapitel 2 gilt, dass im Projekt e-Bürgerbus temporär auch ein zum Bürgerbus umgerüsteter Sprinter mit Hybridantrieb eingesetzt wurde. Das im Rahmen des Forschungsprojekts „ELENA" [Elena 2017] entwickelte Hybridfahrzeug kam in allen vier Anwendungskommunen mit unterschiedlichen Einsatzdauern zum Einsatz (siehe auch Anhang VI). Der Testbetrieb lieferte wertvolle Hinweise für die Weiterentwicklung des Fahrzeugs, Evaluationsergebnisse fließen in diesen Bericht nicht ein.

4 Analyse Ist-Zustand in den Anwendungskommunen

4.1 Überblick Analysekriterien

Im Rahmen von Arbeitspaket 1 wurde der Ist-Zustand der bestehenden Bürgerbus-verkehre in den vier Anwendungskommunen eingehend analysiert. Vorrangiges Ziel stellt dabei die Optimierung der Einsatzplanung für den Testbetrieb mit einem e-Fahrzeug dar. Aufgrund der unterschiedlichen topographischen und verkehrlichen Rahmenbedingungen in den Anwendungskommunen und der durch die Batterieka-pazität begrenzten Fahrzeugreichweite ist insbesondere zu untersuchen, inwieweit eine Anpassung des bestehenden Bedienungsangebotes erforderlich ist.

Weiterhin können durch das umfangreiche Sammeln und Auswerten von Analyseda-ten wissenschaftliche Erkenntnisse über Bürgerbusverkehre in Baden-Württemberg aufgebaut bzw. erweitert werden. Dies soll auch zu einer weiteren Verstetigung des seit 2003 in Baden-Württemberg existierenden Mobilitätskonzepts beitragen. Daher erfolgte eine umfassende Analyse in den folgenden Bereichen:

- allgemeiner Überblick zur Einordnung von Kommune und Bürgerbusverein (z. B. Größe der Kommune, Jahr der Vereinsgründung, Betriebsstart)
- bestehende Rahmenbedingungen (z. B. vorhandenes ÖPNV-Angebot)
- eingesetzte Fahrzeuge
- ehrenamtliches Fahrpersonal
- Linienplanung
- Streckencharakteristik
- Fahrplanung
- Fahrgastaufkommen und Fahrzeugauslastung
- Finanzierung und Wirtschaftlichkeit

4.2 Datenbeschaffung

Die für die Analyse erforderliche Datenbeschaffung erfolgte über:

- öffentlich zugängliche Quellen
- Datenerhebung bei den Bürgerbusvereinen bzw. Anwendungskommunen

Die Datenerhebung wurde mit Ausnahme von Wendlingen im vierten Quartal 2014 mit Hilfe eines siebenseitigen Erhebungsbogens zu den einzelnen Themenbereichen durchgeführt (siehe Anhang I). Der Bogen wurde den jeweiligen Ansprechpartnern der Bürgerbusvereine in digitaler Form zugesendet und von diesen digital ausgefüllt. Im Anschluss wurden bedarfsweise Rückfragen telefonisch oder per E-Mail-Kontakt geklärt. Da Wendlingen erst im Frühjahr 2015 als vierte Anwendungskommune hinzugezogen wurde, erfolgte dort die Datenerhebung nach demselben Vorgehen entsprechend zu diesem späteren Zeitpunkt.

Der überwiegende Teil der Daten wurde für das Betriebsjahr 2013 erhoben, auch hier bildet Wendlingen jedoch eine Ausnahme. Weil der dortige Bürgerbusbetrieb inmitten des Jahres 2013 startete, existieren für das komplette Jahr 2013 folglich keine Daten. Da durch das spätere Hinzukommen als Anwendungskommune die Daten für 2014 bereits vollständig vorlagen, wurde deshalb in diesem Fall der überwiegende Teil der Daten für das Betriebsjahr 2014 erhoben. Dies ist im Vergleich der Auswertungen zwischen den vier Anwendungskommunen zu berücksichtigen.

Insofern keine anderen Quellen explizit angegeben sind, entstammen die für die folgende Analyse verwendeten Daten zu den Bürgerbusverkehren und -vereinen der Anwendungskommunen aus der oben genannten Datenerhebung.

4.3 Allgemeiner Überblick zu den vier Anwendungskommunen

4.3.1 Vergleichende Betrachtung

Die vier für den Testbetrieb ausgewählten Anwendungskommunen gehören zum Bundesland Baden-Württemberg. Mit Ebersbach an der Fils, Salach und Uhingen befinden sich drei davon im Landkreis Göppingen im Filstal. Wendlingen am Neckar ist hingegen dem Landkreis Esslingen zugehörig (siehe auch Abbildung 4-1).

Abbildung 4-1:   Lage der vier Anwendungskommunen (Kartengrundlage: OSM)

Bei den vier Kommunen handelt es sich – wie für den Einsatz von Bürgerbussen typisch – um kleinere Städte oder Gemeinden. Die folgende Tabelle zeigt die Größe (Einwohnerzahl und Fläche nach [Statistik BW 2015], Stand 31.12.2013) sowie die ungefähre Höhenlage der vier Kommunen:

Kommune	Einwohner	Fläche	Bevölkerungsdichte	Höhe (NHN)
Ebersbach	15.185	26,27 km²	578 Einwohner je km²	292 m
Salach	7.786	8,32 km²	936 Einwohner je km²	363 m
Uhingen	13.979	24,79 km²	564 Einwohner je km²	295 m
Wendlingen	15.554	12,15 km²	1.280 Einwohner je km²	294 m

Tabelle 4-1:   Allgemeine Daten zu den Anwendungskommunen

Die Gründung eines Bürgerbusvereins und der darauf folgende Start eines Bürgerbusbetriebs erfolgten in den vier Kommunen innerhalb der letzten 15 Jahre (siehe auch [NVBW 2015a]), die zeitliche Abfolge kann dieser Grafik entnommen werden:

Abbildung 4-2:   Jahr der Vereinsgründung und Inbetriebnahme Bürgerbus

Detailliertere Informationen zu jeder Anwendungskommune werden in den folgenden Abschnitten separat gemäß Reihenfolge der Inbetriebnahme dargestellt.

4.3.2   Salach

Die Gemeinde Salach befindet sich im Filstal rund 7 km östlich der Großen Kreisstadt Göppingen. Die Landesstraßen 1214 und 1219 verlaufen durch den Ort in Tallängsrichtung und binden Salach im Osten an Göppingen sowie im Westen an die Bundesstraßen 10 und 466 in Richtung Ulm bzw. Richtung Heidenheim an. Die B 10 führt südlich an der Gemeinde vorbei und stellt ebenfalls eine wichtige Verbindung in Richtung Göppingen und Stuttgart dar. Die Strecke der Filstalbahn ermöglicht im Eisenbahnverkehr die Verbindung zwischen Stuttgart und Ulm. Beide Städte sind in einer ähnlichen Fahrzeit mit Regionalzügen direkt zu erreichen. Tagsüber verkehrt stündlich eine Regionalexpresslinie zwischen Ulm und Stuttgart mit Halt in Salach. Ebenfalls stündlich verkehrt tagsüber eine Regionalbahnlinie zwischen Geislingen (Steige) und Plochingen (Stand 2015).

Der Bürgerbusverein Salach e.V. wurde 2001 gegründet, seit 2003 erfolgt der ständige Linienbetrieb mit einem Bürgerbus. Damit installierte der Verein in Salach den ersten Bürgerbusbetrieb innerhalb von Baden-Württemberg (vgl. [Salach 2015]).

4.3.3   Ebersbach an der Fils

Die Stadt Ebersbach an der Fils besteht aus sieben Teilgemeinden, neben dem Kernort sind dies die Stadtteile Büchenbronn, Bünzwangen, Krapfenreut, Roßwälden, Sulpach und Weiler. Die Stadt ist gemäß zentralörtlicher Funktionsstufe ein Kleinzentrum in Verdichtungsräumen (Stand 27.01.2015). Die Bundesstraße 10 und die Landesstraße 1192 durchziehen die Stadt in Tallängsrichtung und stellen für den

Straßenverkehr die Verbindung zur ca. 32 km entfernten Landeshauptstadt Stuttgart und zur ca. 11 km entfernten Großen Kreisstadt Göppingen her. Die Strecke der Filstalbahn ermöglicht die gleiche Verbindung im Eisenbahnverkehr. Regionalexpresszüge zwischen Ulm und Stuttgart mit Halt in Ebersbach verkehren tagsüber stündlich, ebenfalls stündlich verkehrt tagsüber eine Regionalbahnlinie zwischen Geislingen (Steige) und Plochingen (Stand 2015).

Der Bürgerbusverein Ebersbach e.V. wurde 2005 gegründet, ein Jahr später erfolgte dann der Start des Bürgerbusbetriebs. 2007 erreichte der Verein den ersten Platz beim Landeswettbewerb „echt gut" in der Kategorie Umwelt und Nachhaltigkeit. 2013 wurde dem Verein der Bundes-Bürgerpreis verliehen (vgl. [Ebersbach 2015]).

4.3.4 Uhingen

Die Stadt Uhingen befindet sich im Filstal und besteht neben dem Kernort aus den Stadtteilen Holzhausen, Nassachtal/Diegelsberg und Sparwiesen. Die Stadt bildet gemäß zentralörtlicher Funktionsstufe ein Kleinzentrum (Stand 27.01.2015). Die Bundesstraße 10 und die Landesstraße 1192 durchlaufen die Stadt in Tallängsrichtung und stellen für den Straßenverkehr die Verbindung zur ca. 37 km entfernten Landeshauptstadt Stuttgart und zur ca. 6 km entfernten Großen Kreisstadt Göppingen her. Im südlichen Stadtbereich mündet die B 297 in die B 10 ein und bildet damit eine Verbindung zur BAB 8. Die Strecke der Filstalbahn ermöglicht im Eisenbahnverkehr eine Verbindung zwischen Stuttgart und Ulm. Regionalexpresszüge zwischen Ulm und Stuttgart mit Halt in Uhingen verkehren tagsüber stündlich, ebenfalls stündlich verkehrt tagsüber eine Regionalbahnlinie zwischen Geislingen (Steige) und Plochingen (Stand 2015).

Der Bürgerbusverein Uhingen e.V. wurde 2008 gegründet, noch im selben Jahr erfolgte der Start des Bürgerbusbetriebs in Uhingen (vgl. [Uhingen 2015]).

4.3.5 Wendlingen am Neckar

Die Stadt Wendlingen erstreckt sich vom Neckar ausgehend nach Osten und besteht aus den drei Ortsteilen Wendlingen, Unterboihingen und Bodelshofen. Die Stadt ist gemäß zentralörtlicher Funktionsstufe ein Kleinzentrum in Verdichtungsräumen (Stand 27.01.2015]. Südlich des Stadtgebietes verläuft die BAB 8, ein direkter Anschluss besteht über die B 313 und die Anschlussstelle Wendlingen. Die Landesstraße 1200 quert das Stadtgebiet parallel zur BAB und verbindet die Stadt mit Denkendorf und Kirchheim unter Teck. Die Entfernung zur Landeshauptstadt Stuttgart beträgt für den Straßenverkehr ca. 28 km, zur Großen Kreisstadt Esslingen ca. 16 km. Die Strecke der Neckar-Alb-Bahn ermöglicht im Eisenbahnverkehr Verbindungen Richtung Plochingen bzw. Stuttgart sowie Richtung Tübingen. Hierfür verkehren in Richtung Stuttgart sowohl die S-Bahn-Züge der Linie S1 als auch Regionalzüge. In Richtung Tübingen verkehren nur Regionalzüge, während die S-Bahn-Züge über die am Bahnhof Wendlingen abzweigende Teckbahn weiter bis Kirchheim unter Teck fahren.

Der Bürgerverein Wendlingen e.V. existierte bereits vor der Idee, einen Bürgerbusbetrieb in Wendlingen zu etablieren, der Bürgerbusbereich ist als ein weiteres Arbeitsfeld in den bestehenden Verein integriert worden. Im Mai 2013 erfolgte der Start des Bürgerbusbetriebs (vgl. [Wendlingen 2015]), damit stellt Wendlingen die Anwendungskommune mit dem kürzesten Betriebszeitraum dar.

4.4 Bestehende Rahmenbedingungen

4.4.1 Vorhandenes ÖPNV-Angebot

In den Anwendungskommunen existiert unabhängig vom Bürgerbusverkehr ein ÖPNV-Angebot, welches sich im straßengebundenen ÖPNV gemäß Fahrplan 2015 hinsichtlich der vorhandenen Linien, der Anzahl der innerhalb des Gemeindegebiets bedienten Haltestellen sowie der mittleren Fahrtenanzahl wie folgt gestaltet:

Kommune	Linien	Bediente Halte-stellen	Fahrten werktags	Fahrten samstags	Fahrten sonntags
Ebersbach	Bus 261	4	17	8	6
	Bus 7653	4	15	6	5
	Bus 7673	4	2	0	0
Salach	Bus 6	7	22	10	6
	Bus 7688	1	22	12	5
Uhingen	Bus 2	8	36	23	13
	Bus 15	6	30	21	10
	Bus 22	6	17	5	0
	Bus 178	5	20	8	5
	Bus 7672	8	10	5	0
	Bus 7673	5	2	0	0
Wendlingen	Bus 151	1	35	31	17
	Bus 152	6	13	0	0
	Bus 184	2	28	17	10
	Bus 196	4	14	4	0

Tabelle 4-2:   Übersicht straßengebundenes ÖPNV-Angebot der Anwendungs-kommunen (Stand 2015)

Bei den angegebenen Fahrten handelt es sich um die mittlere Anzahl je Richtung, im Fall werktags um einen normalen Werktag in der Schulzeit. Eine Ausnahme bilden Rundlinien, bei denen die Gesamtzahl der Fahrten pro Tag dargestellt ist. Bei den im Gemeindegebiet bedienten Haltestellen je Linie gibt es häufig Überschneidungen mit anderen Linien.

Die Anzahl der Buslinien, die eine oder mehrere Haltestellen in der jeweiligen Kommune anfahren, beläuft sich auf zwei bis sechs. Dabei werden von einer Linie zwischen einer und acht Haltestellen innerhalb des jeweiligen Gemeindegebietes bedient. In der Regel handelt es sich um regionale Buslinien, in Einzelfällen (z. B. Linie 152 in Wendlingen) verkehrt eine Linie nur innerhalb der Gemeinde. Die Gesamtanzahl der angebotenen Fahrten (pro Richtung) beträgt werktags (Schulzeit) in Abhängigkeit der Kommune zwischen 34 und 115 Fahrten, dies reduziert sich am Samstag um etwa die Hälfte auf 14 bis 59 Fahrten. Sonntags erfolgt eine weitere Verringerung des Angebots auf 11 bis 28 Fahrten.

Das vorhandene Angebot des Schienenpersonennahverkehrs (SPNV) in den vier Anwendungskommunen zeigt Tabelle 4-3 (Stand 2015):

Kommune	Linien	Bediente Stationen	Fahrten werktags	Fahrten samstags	Fahrten sonntags
Ebersbach	RE	1	16	9	9
	RB	1	22	12	11
Salach	RE	1	14	8	8
	RB	1	21	12	12
Uhingen	RE	1	14	8	8
	RB	1	22	12	11
Wendlingen	RE	1	41	31	30
	S-Bahn S1	1	40	43	39

Tabelle 4-3:   Übersicht SPNV-Angebot der Anwendungskommunen (Stand 2015)

Während Ebersbach, Salach und Uhingen jeweils durch eine Regionalexpresslinie (Stuttgart – Ulm) und eine Regionalbahnlinie (Plochingen – Geislingen (Steige)) angebunden sind und das SPNV-Angebot werktags pro Richtung im Mittel 35 bis 38 Fahrten beträgt, besteht in Wendlingen aufgrund des Anschlusses an die Regionalexpresslinie Stuttgart – Tübingen und die S-Bahn-Linie S1 Kirchheim (Teck) – Herrenberg mit einer Fahrtenanzahl werktags von insgesamt 81 ein dichteres Angebot im SPNV. Die Anbindung der Gemeinden erfolgt hierbei jeweils an einer einzigen Station. Samstags verringert sich die Zahl im Fall der ersten drei Kommunen um knapp die Hälfte auf 20 bis 21 Fahrten, im Fall von Wendlingen auf 74 Fahrten. Sonntags erfolgt eine weitere geringfüge Verringerung auf 19 bis 20 Fahrten bei den ersten drei Kommunen, sowie auf 69 Fahrten im Fall von Wendlingen.

4.4.2 Einzugsbereiche des ÖPNV

Als Indikator für die räumliche Erschließung der Anwendungskommunen durch den ÖPNV (Bus und SPNV) wurden anhand der VDV-Empfehlungen für zumutbare Fußwegentfernungen (Werte für übrige Gemeinden) die Einzugsbereiche der jeweiligen Haltestellen bestimmt. Für Bushaltestellen und Stationen des SPNV wird demnach ein Einzugsradius von 600 m bzw. von 1.000 m angenommen. Hierbei ist darauf hinzuweisen, dass Werte in dieser Höhe für mobilitätseingeschränkte Nutzer keine komfortabel zu bewältigende Distanz ergeben. Nachfolgend ist die räumliche Erschließung durch den ÖPNV (ohne Bürgerbus) für die Stadt Wendlingen (Neckar) dargestellt (Stand 2015):

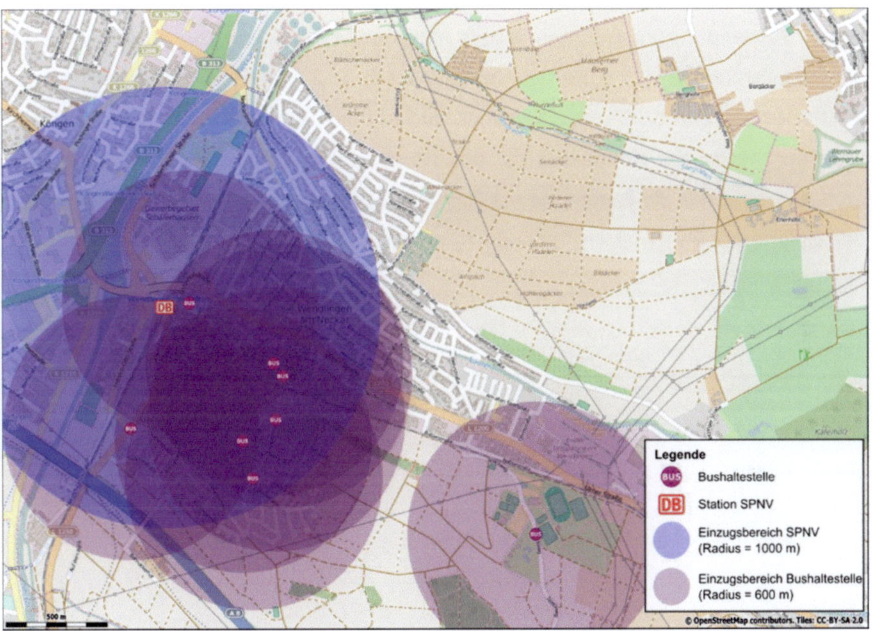

Abbildung 4-3:   ÖPNV-Erschließung (ohne Bürgerbus) Wendlingen (Stand 2015, Kartengrundlage: OSM)

In der Abbildung nicht berücksichtigt sind eventuelle Einzugsbereiche von Haltestellen in den angrenzenden Gemeinden. Es ist zu erkennen, dass ein Teil des bebauten

Gebietes der Stadt nicht durch den Bus- oder Schienennahverkehr erschlossen ist. Neben seiner innerstädtischen Verbindungsfunktion trägt der Bürgerbusbetrieb vor allem in diesen Bereichen zu einer räumlichen Ergänzung des bestehenden ÖPNV-Angebotes bei und kann insbesondere für den Fall einer entsprechenden zeitlichen Abstimmung somit auch eine Zubringerfunktion für SPNV und Busverkehr übernehmen.

Die Darstellung der ÖPNV-Erschließung für die anderen drei Anwendungskommunen (Stand 2015) befindet sich im Anhang II.

4.4.3 Konzession

Der Bürgerbusbetrieb fällt nach der hier zugrunde gelegten Definition und im Fall aller vier Anwendungskommunen (jeweils allgemeiner Linienverkehr) unter das Personenbeförderungsgesetz (PBefG), weshalb nach § 2 PBefG eine Genehmigungspflicht besteht. Die Konzessionsinhaber sind in der Regel örtliche Busunternehmen. Die Übertragung der Konzession für den Bürgerbusbetrieb erfolgt dann an den Bürgerbusverein oder die Kommune mit Hilfe einer vertraglichen Regelung. Im Rahmen der Datenerhebung wurden folgende Konzessionsinhaber von den Bürgerbusvereinen benannt:

Kommune	Konzessionsinhaber
Ebersbach	Regional Bus Stuttgart GmbH (RBS)
Salach	Omnibusverkehr Göppingen (OVG)
Uhingen	Omnibusverkehr-Reisen Frank & Stöckle
Wendlingen	(keine Nennung)

Tabelle 4-4:   Konzessionsinhaber in den Anwendungskommunen

Die Dauer der erhaltenen Konzession beträgt nach Angabe der Vereine ab Zeitpunkt der Erteilung acht Jahre und muss dann erneut beantragt werden.

4.5 Fahrzeuge

Hinsichtlich fahrzeugseitiger Anforderungen für den Bürgerbusbetrieb ist vor allem zu beachten, dass nur Fahrzeuge zum Einsatz kommen sollen, die ein zulässiges Gesamtgewicht von maximal 3,5 Tonnen nicht überschreiten. Damit wird sichergestellt, dass ehrenamtliche Fahrerinnen und Fahrer mit Führerscheinklasse B das Fahrzeug fahren dürfen. Bei der Beschaffung eines geeigneten Fahrzeuges sind zudem weitere, insbesondere für den Linienbetrieb wichtige Aspekte zu berücksichtigen wie z. B.:

- Anzahl der Sitzplätze zur Fahrgastbeförderung
- Platz zur Mitnahme von Rollstühlen, Rollatoren und Kinderwagen
- Art des Einstiegs und Hilfseinrichtung für mobilitätseingeschränkte Personen (z. B. Rampe, Hublift)
- Höhe und Beleuchtung des Innenraums
- Art der Türöffnung
- Platz zum Anbringen der Linienbeschilderung

Die folgenden beiden Abbildungen geben einen visuellen Eindruck von den aktuell (Stand 2015) im Einsatz befindlichen Fahrzeugen in den Anwendungskommunen und fassen deren wichtigste Kenndaten zusammen:

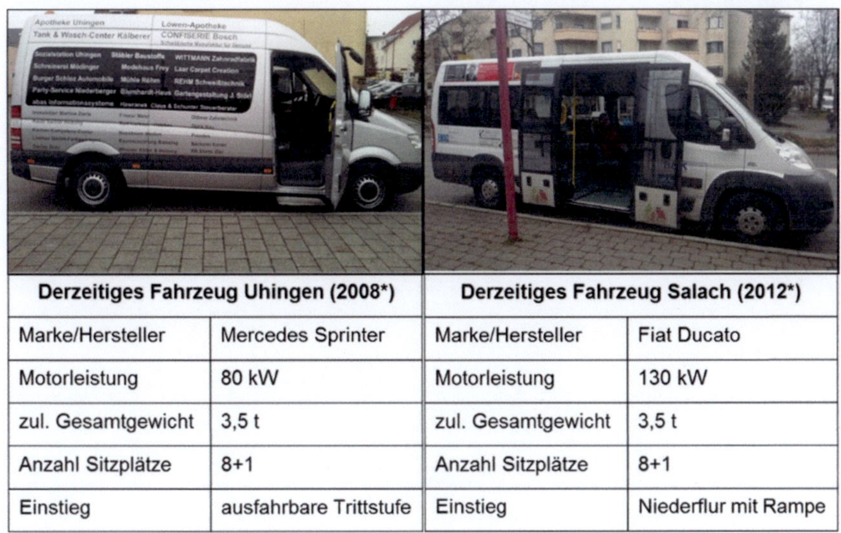

Derzeitiges Fahrzeug Uhingen (2008*)		Derzeitiges Fahrzeug Salach (2012*)	
Marke/Hersteller	Mercedes Sprinter	Marke/Hersteller	Fiat Ducato
Motorleistung	80 kW	Motorleistung	130 kW
zul. Gesamtgewicht	3,5 t	zul. Gesamtgewicht	3,5 t
Anzahl Sitzplätze	8+1	Anzahl Sitzplätze	8+1
Einstieg	ausfahrbare Trittstufe	Einstieg	Niederflur mit Rampe

Abbildung 4-4:   Fahrzeuge Uhingen / Salach (Stand 2015, * Anschaffungsjahr)

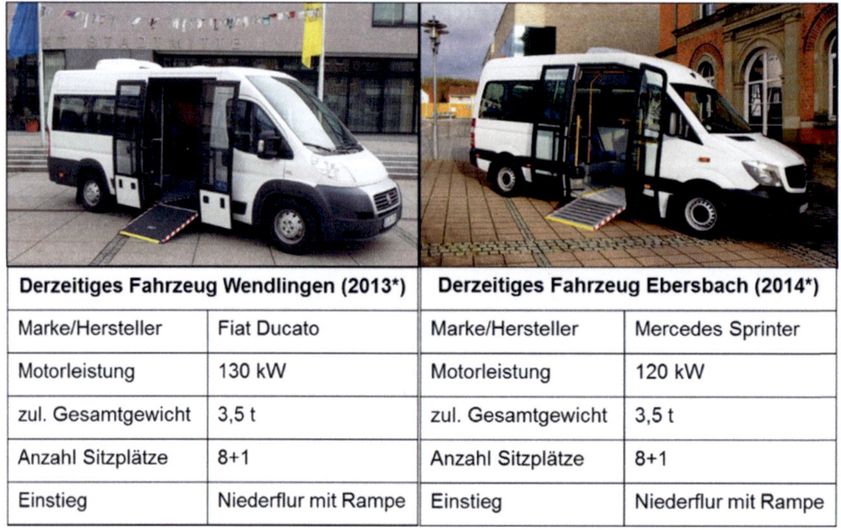

Derzeitiges Fahrzeug Wendlingen (2013*)		Derzeitiges Fahrzeug Ebersbach (2014*)	
Marke/Hersteller	Fiat Ducato	Marke/Hersteller	Mercedes Sprinter
Motorleistung	130 kW	Motorleistung	120 kW
zul. Gesamtgewicht	3,5 t	zul. Gesamtgewicht	3,5 t
Anzahl Sitzplätze	8+1	Anzahl Sitzplätze	8+1
Einstieg	Niederflur mit Rampe	Einstieg	Niederflur mit Rampe

Abbildung 4-5: Fahrzeuge Wendlingen / Ebersbach (Stand 2015, * Anschaffungsjahr)

4.6 Fahrpersonal

Der Bürgerbusbetrieb ist unter anderem gekennzeichnet durch den Einsatz von ehrenamtlichen Fahrerinnen und Fahrern, welche die einzelnen Betriebsschichten übernehmen. Die nachfolgende Tabelle gibt einen Überblick über die Struktur der Fahrerpools in den Anwendungskommunen (Stand 31.12.2013, im Fall von Wendlingen 31.12.2014):

Kommune	Anzahl Fahrerinnen und Fahrer	Durchschnittsalter	mittlere Einsatzzeit pro Monat	Anteil an Fahrerinnen
Ebersbach	26	ca. 61 Jahre	ca. 6,3 h	19 %
Salach	25	ca. 59 Jahre	ca. 3,4 h	36 %
Uhingen	26	ca. 57 Jahre	ca. 6,2 h	19 %
Wendlingen	43	ca. 69 Jahre	ca. 3,1 h	14 %

Tabelle 4-5: Charakteristik der Fahrerpools in den Anwendungskommunen

Während bei den Kommunen Ebersbach, Salach und Uhingen der Fahrerpool ähnlich groß ist, kann der Bürgerbus in Wendlingen auf deutlich mehr Fahrerinnen und Fahrer zurückgreifen. Der Altersdurchschnitt der Fahrerpools bewegt sich je Kommune zwischen 57 und 69 Jahren, der Anteil an Fahrerinnen zwischen 14 und 36 %.

Bei Teilung der monatlichen Betriebszeit des jeweiligen Bürgerbusverkehrs durch die Anzahl der Fahrerinnen und Fahrer ergibt sich pro Fahrer eine mittlere monatliche Einsatzzeit zwischen 3 und 6,5 Stunden. Dies entspricht annähernd einem halben bzw. ganzen Bedientag (vormittags und nachmittags). Der geringere Wert bei Salach ergibt sich insbesondere aufgrund der im Vergleich zu den anderen Kommunen deutlich geringeren monatlichen Betriebszeit. Im Fall von Wendlingen resultiert der gegenüber Ebersbach und Uhingen halbierte Mittelwert vor allem aus dem deutlich größeren Fahrerpool. Im praktischen Betrieb ist davon auszugehen, dass in Bezug auf die einzelne Fahrerin / den einzelnen Fahrer relativ hohe Abweichungen der monatlichen Einsatzzeiten von den oben genannten Mittelwerten auftreten.

Im Rahmen der Datenerhebung bei den Bürgerbusvereinen wurde auch die Entwicklung des Fahrerpools in den letzten fünf Jahren (2009 bis 2013) abgefragt. Da der Bürgerbusbetrieb in Wendlingen erst 2013 gestartet wurde, werden hierbei vor allem die anderen drei Anwendungskommunen betrachtet: Die Zahl der neuen Fahrerinnen oder Fahrer pro Jahr bewegt sich zwischen null und vier, die Zahl der ausgeschiedenen Fahrerinnen oder Fahrer pro Jahr beläuft sich auf null bis fünf. Dabei hält sich in allen drei Kommunen die Zahl der insgesamt in dem Zeitraum von 2009 bis 2013 neu eingestiegenen Fahrerinnen oder Fahrer ungefähr die Waage mit den im selben Zeitraum ausgeschiedenen Fahrerinnen oder Fahrern. Demnach hat sich im Bereich des ehrenamlichen Fahrpersonals das Bürgerbuskonzept in den letzten Jahren bewährt.

4.7 Linienplanung

In den vier Anwendungskommunen gibt es jeweils eine einzige Bürgerbuslinie, die aus drei bis vier Fahrtrouten besteht, die in der Regel einen gemeinsamen, zentral gelegenen Ausgangs- und Endpunkt besitzen und im Rahmen eines Umlaufs nacheinander befahren werden. Nachfolgend wird am Salacher Beispiel der dortige Linienverlauf (Stand 2013) gezeigt, der sich aus drei unterschiedlichen Fahrtrouten zusammensetzt, die jeweils am Marktplatz beginnen bzw. enden.

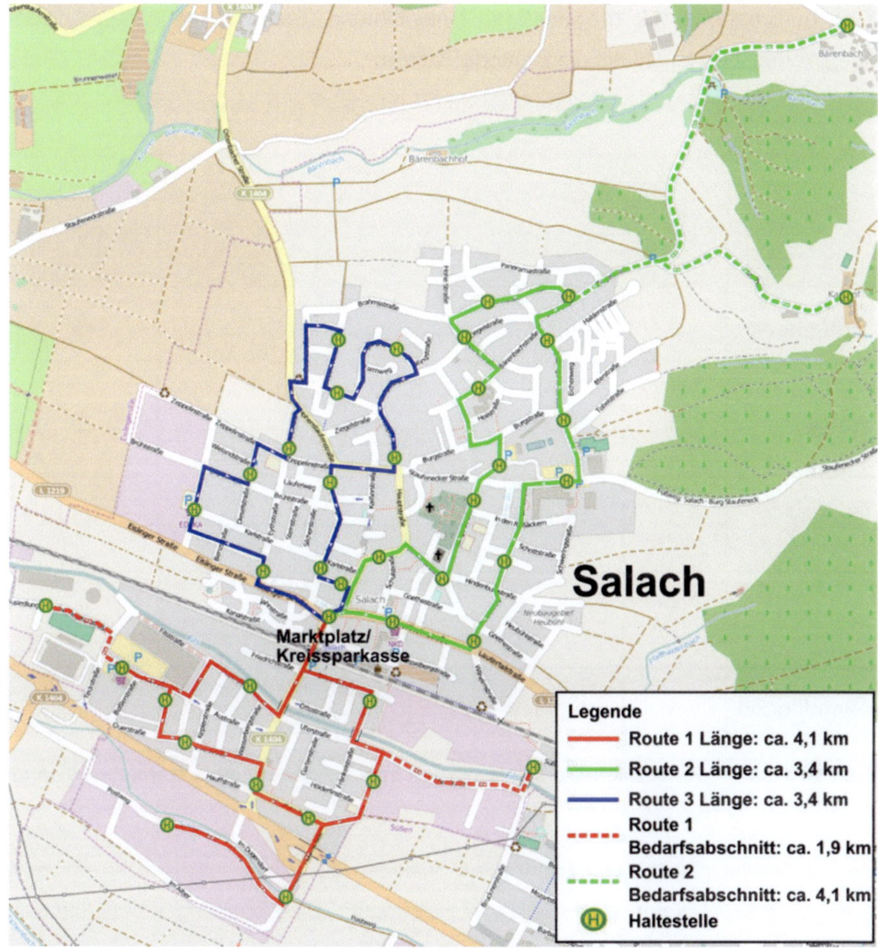

Abbildung 4-6: Linienverlauf Bürgerbus Salach (Stand 2013, Kartengrundlage: OSM)

Im Rahmen der Fahrtroute 1 und 2 werden zusätzlich Bedarfshaltestellen angefahren, für die das Bürgerbusfahrzeug eine zusätzliche Strecke zurücklegen muss (gestrichelte Abschnitte in obiger Abbildung). Eine Anmeldung soll mindestens 30 Minuten vor der gewünschten Fahrt über das Telefon direkt im Bus erfolgen. Der in der Karte noch dargestellte Bedarfshalt Ausiedlung wird seit 2014 nicht mehr angefahren. Die Linienverläufe der Bürgerbusverkehre in den anderen Anwendungskommunen sind in Anhang III dargestellt und enthalten keine Bedarfshaltestellen.

Eine Kurzcharakteristik zur jeweiligen Linienführung (Stand 2014) in den Anwendungskommunen beinhaltet die folgende Tabelle:

Kommune	Anzahl Routen	Linienlänge insgesamt	Betriebskilometer je Tag[3]		Anzahl Haltestellen
			davon vormittags	davon nachmittags	
Ebersbach	3	16,7 km	146 km		43
			80 km	66 km	
Salach[4]	3	10,9 km	66 km		38
			33 km	33 km	
Salach[5]	3	16,1 km	96 km		41
			48 km	48 km	
Uhingen	3	15,3 km	112 km		44
			51 km	61 km	
Wendlingen	4	17,6 km	115 km		42
			57 km	58 km	

Tabelle 4-6: Kenndaten zur Linienführung in den Anwendungskommunen (Stand 2014)

Bis auf Wendlingen mit vier Fahrtrouten bestehen die Bürgerbuslinien der anderen Anwendungskommunen aus jeweils drei Fahrtrouten. Die Linienlängen befinden sich mit 15 bis 17 km jeweils in einer ähnlichen Größenordnung, eine Ausnahme bildet Salach mit rund 11 km, wenn die Bedarfshaltestellen nicht angefahren werden (Regelfall). Aufgrund einer teilweise unterschiedlichen Anzahl von Umläufen unterscheiden sich die täglichen Betriebskilometer je Kommune mit Werten zwischen 66 und

---

[3] Betriebstag mit Bedienung sowohl vormittags als auch nachmittags

[4] ohne Anfahrt der Bedarfshaltestellen

[5] mit Anfahrt Bedarfshaltestellen Bärenbach/Kapfhöfe (Länge ca. 4,1 km) und Süßener Str. (Länge ca. 1,1 km), aber ohne Anfahrt Bedarfshaltestelle Ausiedlung (Länge ca. 0,7 km, wird aufgrund Siedlungsabriss nicht mehr angefahren)

146 km (Betriebstag mit Vormittags- und Nachmittagsbedienung) zum Teil deutlich stärker. Die Anzahl der Haltestellen im Linienverlauf beträgt je Kommune zwischen 38 und 43. Der jeweilige Wert schließt manche Haltestellen mehrfach ein, da diese im Linienverlauf aufgrund von Parallelabschnitten der Fahrtrouten mehrmals bedient werden.

4.8 Streckencharakteristik

Neben der Linienlänge und der Anzahl der Haltestellen mit Haltevorgang ist für den Energieverbrauch eines Bürgerbusfahrzeuges – und beim zukünftigen Einsatz eines e-Fahrzeuges damit ebenfalls für dessen mögliche Reichweite – auch die Streckencharakteristik von wesentlicher Bedeutung. Dabei spielen insbesondere das Höhenprofil der Strecke, die zulässigen Höchstgeschwindigkeiten auf den einzelnen Abschnitten sowie die Anzahl und Art der Knotenpunkte im Streckenverlauf eine wichtige Rolle. Die drei genannten Merkmale wirken sich neben fahrer- und fahrzeugbedingten Einflüssen auf das Geschwindigkeitsprofil eines Bürgerbusfahrzeuges entlang der jeweiligen Fahrtroute aus.

Nachfolgend ist das Höhenprofil von den drei Fahrtrouten der Uhinger Bürgerbuslinie abgebildet (Stand 2013). Streckenabschnitte mit einer ähnlichen Längsneigung wurden zu einer Längsneigungsklasse zusammengefasst und in der entsprechenden Farbe dargestellt.

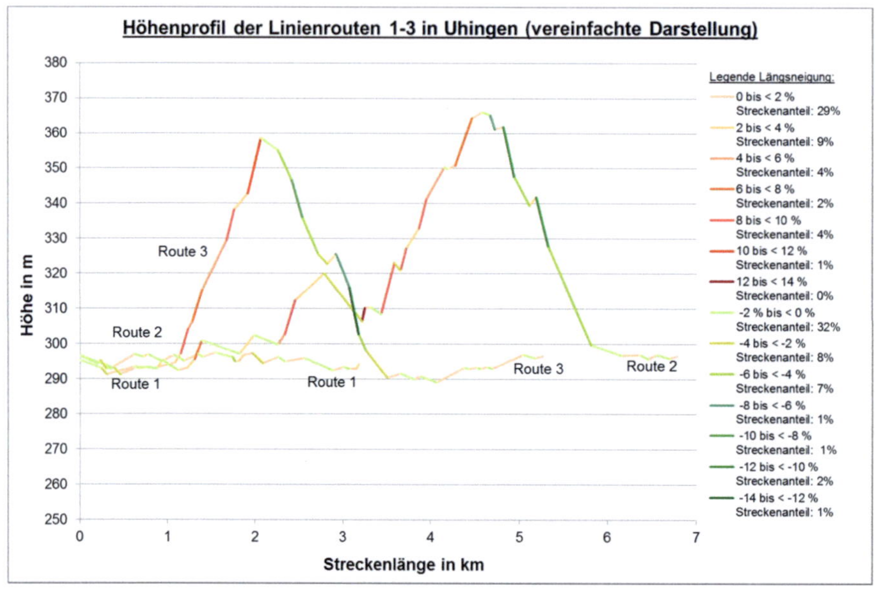

Abbildung 4-7:   Höhenprofil der Bürgerbuslinie Uhingen (Stand 2013)

Fahrtroute 1 besitzt demnach ein relativ ausgeglichenes Höhenprofil, während die Fahrtrouten 2 und 3 Abschnitte mit bis zu 12 % Steigung aufweisen und somit deutlicher den Energieverbrauch des eingesetzten Fahrzeuges beeinflussen. Die Höhenprofile der anderen Anwendungskommunen sind in Anhang IV enthalten. Ein Vergleich der mittleren Längsneigung über alle Steigungsabschnitte der jeweiligen Bürgerbuslinie zeigt folgendes Ergebnis für die Anwendungskommunen:

Kommune	Linienlänge	davon Streckenanteil mit Steigung	mittlere Neigung aller Steigungsabschnitte
Ebersbach	16,7 km	48 %	4,1 %
Salach[6]	10,9 km	58 %	2,1 %
Uhingen	15,3 km	49 %	2,8 %
Wendlingen	17,6 km	46 %	2,9 %

Tabelle 4-7:   Mittlere Neigung aller Steigungsabschnitte der Bürgerbuslinie in den Anwendungskommunen

Ebersbach weist demnach über alle Steigungsabschnitte mit rund 4,1 % die höchste mittlere Längsneigung der vier Anwendungskommunen auf, deren Wert sonst zwischen 2,1 und 2,9 % liegt.

Weiterhin wurden die Knotenpunkte entlang des Linienverlaufs erfasst, an denen aufgrund der Verkehrsregelung Haltevorgänge des Bürgerbusses zu erwarten sind (Knotenpunkte mit Lichtsignalanlage sowie vorfahrtgeregelte Knotenpunkte, bei denen der Bürgerbus aus der untergeordneten Zufahrt kommt oder in selbige links abbiegt). Die Gesamtzahl solcher Knotenpunkte im Linienverlauf beträgt je nach Anwendungskommune zwischen 8 und 11. In einem Fall ist auch ein niveaugleicher Bahnübergang Teil der Fahrtroute.

4.9   Fahrplanung

Auch die bestehenden Fahrpläne sind vor dem Hintergrund der begrenzten Reichweite und der Notwendigkeit von Ladevorgängen für den Einsatz eines e-Fahrzeuges zu überprüfen und ggf. zu optimieren. Die folgende Tabelle fasst das fahrplanmäßige Bedienungsangebot in den Anwendungskommunen zusammen (Stand 2015):

---

[6] ohne Anfahrt der Bedarfshaltestellen

Kommune	Anzahl Betriebs- wochen pro Jahr	Be- dien- tage	davon halb- tags	Anzahl Fahrten je Tag		Anzahl Fahrten je Woche
				davon vormittags	davon nachmittags	
Ebersbach	52	Mo-Sa	Mi, Sa	9		46
				5	4	
Salach	52	Mo, Di, Do-Sa	Mo, Do, Sa	6		21 (12^7)
				3	3	
Uhingen	52	Mo-Sa	Mi, Sa	8		40
				4	4	
Wend- lingen	52	Mo-Sa	Mi, Sa	8		40
				4	4	

Tabelle 4-8: Kenndaten zur Fahrplanung in den Anwendungskommunen (Stand 2015)

Die Fahrtenanzahl pro Tag bezieht sich auf den Fahrplan für einen Wochentag mit einer Bedienung sowohl vormittags als auch nachmittags. Die Fahrtenanzahl pro Woche bezieht sich auf die Summe der Fahrten über alle Wochentage ohne die Berücksichtigung von Sonderfahrten. Eine Fahrt ist hierbei als Linienfahrt definiert und umfasst die gemäß Fahrplan vorgesehenen Fahrtrouten (3 bzw. 4).

Demzufolge ist das Fahrtenangebot in Ebersbach, Uhingen und Wendlingen sehr ähnlich gestaltet, im Fall von Salach wird eine abweichende Struktur festgestellt. Das fahrplanmäßige Bedienungsangebot bleibt in den drei erstgenannten Anwendungskommunen das ganze Jahr unverändert. Die Bedientage sind Montag bis Samstag, dabei werden an zwei Tagen (Mi, Sa) nur vormittags Fahrten angeboten. Die Zahl der im Stundentakt angebotenen Fahrten beläuft sich sowohl vormittags als auch nachmittags auf jeweils vier, nur Ebersbach bietet vormittags eine Fahrt zusätzlich an.

---

[7] Innerhalb der Schulferien

Dadurch ergeben sich hier 46 und im Fall von Uhingen und Wendlingen 40 fahrplanmäßige Linienfahrten pro Woche.

Der Bürgerbus in Salach hingegen verkehrt in 17 von 52 Betriebswochen im Jahr mit eingeschränktem Ferienfahrplan. In den Ferien erfolgt eine ganztägige Bedienung am Dienstag und Freitag, außerhalb der Ferien zusätzlich an drei weiteren Tagen (Mo, Do, Sa), jedoch nur halbtags. Die Zahl der im Stundentakt angebotenen Fahrten beträgt vormittags wie nachmittags jeweils drei. Für die gesamte Woche resultieren somit 21 fahrplanmäßige Linienfahrten außerhalb der Ferienzeit sowie 12 Linienfahrten in den Ferien.

Die Einsatzpause zwischen Vormittags- und Nachmittagsbetrieb beträgt je nach Kommune zwischen einer Stunde und 46 Minuten (Wendlingen) und zwei Stunden und 28 Minuten (Ebersbach). In dieser Zeit soll während des Testbetriebs die Batterie des e-Fahrzeugs wieder aufgeladen werden, so dass der Nachmittagsbetrieb ohne einen weiteren Ladevorgang erfolgen kann.

Im Rahmen der Datenerhebung wurden auch die Sondereinsätze der jeweiligen Bürgerbusse abgefragt. Den Bezug bildete das Jahr 2013 bzw. im Fall von Wendlingen 2014. Während in Ebersbach, Uhingen und Wendlingen Sondereinsätze des Bürgerbusfahrzeuges eher Einzelfälle darstellen (2-5 Sondereinsätze pro Jahr), wird das Fahrzeug in Salach häufiger dafür genutzt (46 Sondereinsätze pro Jahr). Diese finden dort insbesondere am Mittwoch statt, an dem das Fahrzeug fahrplanmäßig nicht verkehrt. Die zukünftig gemäß Angabe der Bürgerbusvereine vorgesehenen Sondereinsätze entsprechen in Anzahl und Art weitestgehend der bisherigen Nutzung.

Den Grund für Sondereinsätze bilden häufig einmalige Ereignisse wie Festveranstaltungen oder Seniorennachmittage, im Fall von Salach aber auch mehrmalige Anlässe mit Sonderfahrten zu demselben Ziel, wie z. B. Thermalbad oder Bürgerbuscafé. Nutzer sind meist Seniorengruppen oder Vereine der jeweiligen Kommune. Je nach Art der Veranstaltung erfolgt bei Sondereinsätzen die Bedienung nach Linien- und Fahrplan oder unabhängig davon. Im letzteren Fall umfasst der Sondereinsatz dann häufig nur eine Hin- und eine Rückfahrt mit dem Bürgerbusfahrzeug.

4.10 Fahrgastaufkommen und Fahrzeugauslastung

Ebenfalls wurden von den Bürgerbusvereinen Daten zum Fahrgastaufkommen erhoben. Die Angaben basieren dabei zum Teil auf unterschiedlichen Ermittlungsgrundlagen seitens der Vereine. Die Ermittlung erfolgt auf Basis der in einem bestimmten Zeitraum (Tag, Woche, Monat, Jahr) erzielten Fahrgeldeinnahmen. Da die Fahrkarten häufig vor Fahrtantritt beim Fahrpersonal gekauft werden, kann überwiegend von einer unmittelbaren Nutzung selbiger ausgegangen werden. Jedoch können sich u. a. folgende Ungenauigkeiten ergeben:

- Kauf von Mehrfahrtenkarten: Die zeitliche Durchführung der einzelnen Fahrten wird nicht gesondert erfasst bzw. die Fahrten werden gar nicht erfasst.
- Fahrgäste ohne Kauf eines Fahrscheins, z. B. aufgrund vergebener Freifahrten, eines gültigen VVS-Fahrscheins oder eines Schwerbehindertenausweises, werden nicht erfasst, was zu einer Unterschätzung der Fahrgastzahlen führt.

Die sich daraus ergebenden Abweichungen in der Fahrgaststatistik werden je nach Anwendungskommune entweder nicht korrigiert oder es erfolgt regelmäßig eine stichprobenartige Erfassung und Hochrechnung solcher Fahrgäste. Eine Überschätzung der realen Fahrgastzahl ist ebenfalls möglich, da in Einzelfällen zu Werbezwecken auch Fahrkarten an Firmen verkauft werden, deren spätere Benutzung dann teilweise unterbleibt.

Abbildung 4-8 zeigt die Entwicklung des Fahrgastaufkommens 2009 bis 2013 in den Anwendungskommunen:

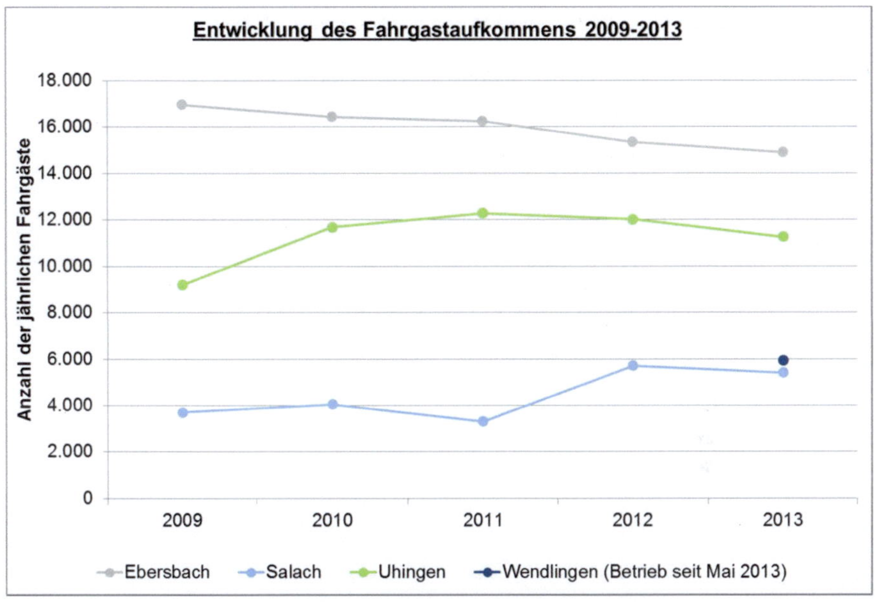

Abbildung 4-8:   Entwicklung des Fahrgastaufkommens der Bürgerbusverkehre in den Anwendungskommunen 2009-2013

Die jährlichen Fahrgastzahlen in den Kommunen bewegen sich in einem Bereich zwischen 3.000 und 17.000 Fahrgästen. Sondereinsätze sind in den dargestellten Zahlen eingeschlossen, insoweit dafür Fahrkarten verkauft wurden.

Bei Betrachtung der Entwicklung im 5-Jahreszeitraum ist festzustellen, dass in Ebersbach die jährlichen Fahrgastzahlen mit 15.000 bis 17.000 Fahrgästen insgesamt auf einem hohen Niveau sind, jedoch kontinuierlich leicht sinken. In Uhingen wurde 2011 mit rund 12.000 Fahrgästen der höchste Stand erreicht, anschließend ist ebenfalls eine leicht fallende Tendenz zu beobachten. In Salach wurde mit knapp 6.000 Fahrgästen 2012 ein Höchststand erreicht. Der starke Anstieg im Vergleich zum Vorjahr um über die Hälfte ist vermutlich zu einem Teil auch auf die Einführung eines neuen Bürgerbusfahrzeuges 2012 zurückzuführen. Wendlingen erreichte 2013 rund 6.000 Fahrgäste, der Bürgerbusbetrieb wurde dort aber erst im Mai desselben Jahres gestartet. Im ersten vollständigen Betriebsjahr 2014 wurden knapp 13.400 Fahrgäste gezählt.

Die monatliche Verteilung der Fahrgäste ist für das Bezugsjahr 2013 bzw. im Fall von Wendlingen für 2014 im folgenden Diagramm dargestellt:

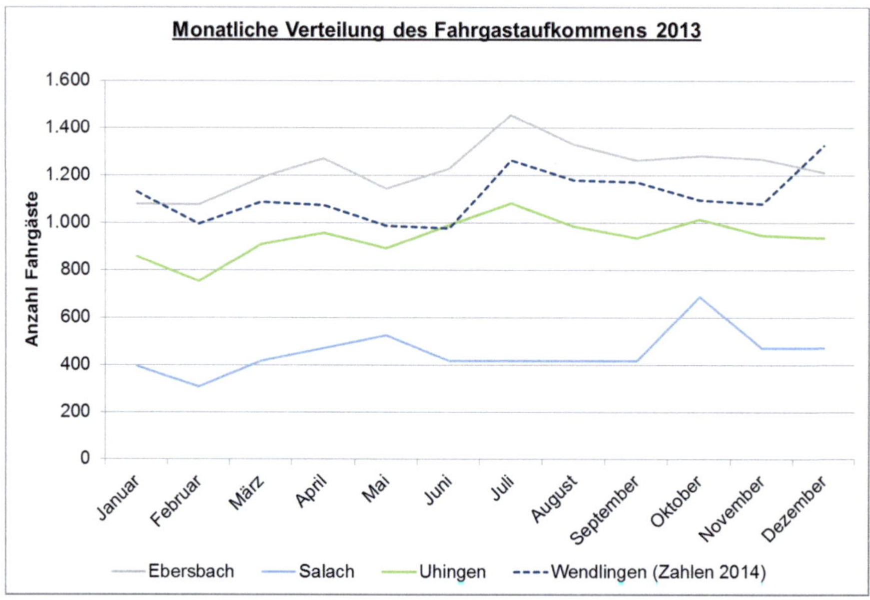

Abbildung 4-9:   Monatliche Verteilung des Fahrgastaufkommens der Bürgerbusverkehre in den Anwendungskommunen (Bezugsjahr 2013)

Die monatlichen Fahrgastzahlen bewegen sich zwischen 300 und 1.500 Fahrgästen. Bei allen vier Anwendungskommunen ist übereinstimmend zu beobachten, dass innerhalb der Frühjahrsmonate ein höheres Fahrgastaufkommen als in den benachbarten Monaten zu verzeichnen ist. Die Frühjahrsspitze wird je nach Kommune im März, April oder Mai erreicht. Bis auf Salach (eingeschränktes Bedienungsangebot in den Ferien) weisen auch alle Bürgerbusverkehre eine Sommerspitze auf, die jeweils höher als die Spitze im Frühjahr ausfällt und deren Höchstwert im Monat Juli liegt. Bei den Bürgerbusverkehren Ebersbach, Salach und Uhingen ist zudem im Oktober eine weitere Spitze festzustellen. Diese befindet sich – teilweise nur geringfügig – oberhalb der Spitze im Frühjahr und ist insbesondere in Salach deutlich ausgeprägt. In Wendlingen existiert im Dezember ein dritter Hochpunkt, der noch einmal die Sommerspitze übersteigt. Ein möglicher Grund hierfür können die in dieser Zeit zusätzlich angebotenen Sonderfahrten zum städtischen Weihnachtsmarkt sein.

Weiterhin wurden die monatlichen Fahrgastzahlen auf die jeweilige Einwohneranzahl der Anwendungskommune bezogen. Hieraus resultieren je nach Kommune Werte zwischen 40 und 96 Fahrgästen pro Tausend Einwohner. Im Fall von Salach ergibt sich über das Jahr betrachtet die höchste Spannbreite mit Werten zwischen 40 und 88. Ebersbach weist je nach Monat 71 bis 96, Uhingen 54 bis 77 und Wendlingen 63 bis 85 Fahrgäste pro Tausend Einwohner auf.

Die nachfolgende Abbildung gibt Aufschluss über die Verteilung der Fahrgastzahlen im Jahresmittel auf die einzelnen Wochentage, hierauf hat natürlich die jeweilige Gestaltung des Bedienungsangebotes wesentlichen Einfluss.

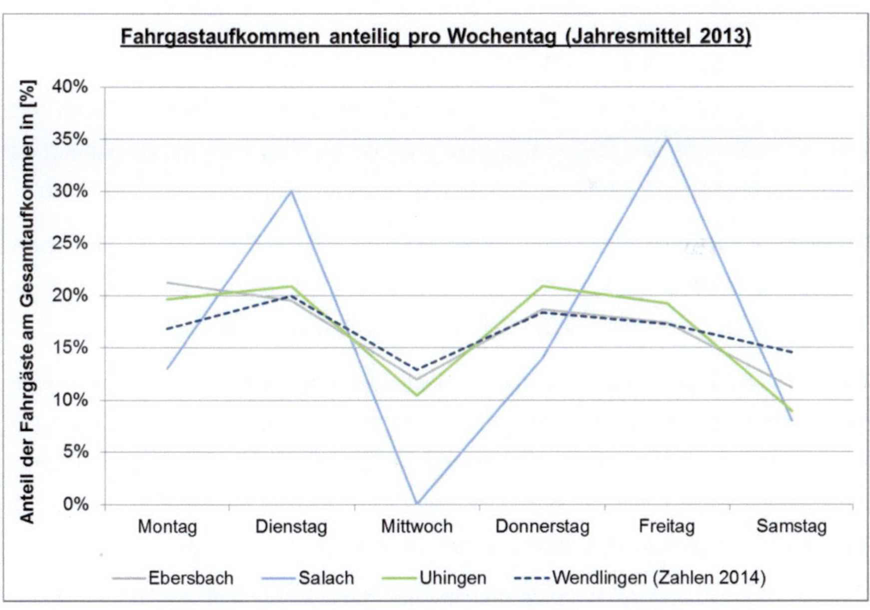

Abbildung 4-10: Verteilung des Fahrgastaufkommens der Bürgerbusverkehre in den Anwendungskommunen auf die Wochentage (Mittel 2013)

Dargestellt ist der Anteil der Fahrgäste je Wochentag bezogen auf das Gesamtaufkommen des jeweiligen Bürgerbusverkehrs im Jahr. Der für Salach deutlich abweichende Verlauf resultiert vor allem aus dem im Vergleich zu den anderen drei Anwendungskommunen reduzierten Bedienungsangebot mit ganztägiger Bedienung nur am Dienstag und Freitag sowie dem Mittwoch ohne Bedienung. Der Freitag weist dabei den höchsten Fahrgastanteil aus, von den Tagen mit Bedienung nur halbtags wird der Donnerstag von den Fahrgästen am häufigsten genutzt. Im Fall von Uhingen und Wendlingen sind Dienstag und Donnerstag die Wochentage mit dem größten Fahrgastanteil, jedoch dicht gefolgt von Montag und Freitag. Mittwoch und Samstag bilden die Tage mit dem geringsten Fahrgastanteil, da hier nur halbtags Fahrten angeboten werden. Ebersbach verzeichnet an sich einen ähnlichen Verlauf wie die beiden letztgenannten Kommunen, jedoch stellt hier der Montag den Tag mit dem höchsten Fahrgastanteil dar.

Im Rahmen der Datenerhebung wurde auch nach verfügbaren Daten zur Fahrgastverteilung vormittags und nachmittags gefragt. Nur von Salach erfolgte eine Angabe dazu. Mit einem Anteil von 60 % an allen Fahrgästen wird der Nachmittag häufiger als der Vormittag von den Fahrgästen genutzt. Unklar ist jedoch, ob in dieser Zahl die drei Tage mit halbtägiger Bedienung eingeschlossen sind. Da zwei davon (Mo, Do) mit Bedienung am Nachmittag sind und nur ein Tag (Sa) mit Bedienung am Vormittag, ergäbe sich für diesen Fall bereits angebotsseitig ein erheblicher Einfluss.

Ebenfalls wurde nach verfügbaren Fahrgastzahlen differenziert nach Nutzergruppen sowie nach Querschnittswerten gefragt. Hierzu konnten von den Bürgerbusvereinen oder Kommunen aber keine Daten zur Verfügung gestellt werden.

Mit den vorliegenden Zahlen zum Fahrgastaufkommen wurde eine überschlägige Berechnung zur mittleren Fahrzeugauslastung der vier Bürgerbusverkehre durchgeführt, deren Ergebnis in der nachfolgenden Tabelle dargestellt ist. Ungenauigkeiten bei der berechneten mittleren Anzahl an Fahrgästen pro Fahrt (Zeile 7 in Tabelle 4-9) ergeben sich unter anderem aus folgenden Gründen:

- Berechnung der Linienfahrten pro Jahr gemäß Fahrplan, ggf. fanden in der Realität aber nicht alle Fahrten statt (z. B. aufgrund Werkstattaufenthalt)
- Einbezug der Sondereinsätze, da die Fahrgastzahlen ohne deren Berücksichtigung nicht in allen Fällen vorlagen. Aufgrund fehlender Detailangaben teilweise aber nur Abschätzung der Fahrtenanzahl des jeweiligen Sondereinsatzes möglich.

- Nichterfassung eines Teils der Fahrgäste aufgrund Ermittlung Fahrgastzahlen anhand Fahrgeldeinnahmen (näheres dazu siehe oben)

Die durchschnittliche Anzahl der Fahrgäste pro Routenfahrt (Zeile 8 in Tabelle 4-9) wurde mangels verfügbarer Daten auf Grundlage der vereinfachenden Annahme ermittelt, dass ein Fahrgast seine Fahrt nur innerhalb einer Fahrtroute absolviert und diese somit nicht über mehrere Routen ausdehnt. Dies führt wahrscheinlich zu einer Unterschätzung des realen Wertes. Weiterhin wurde hinsichtlich der Sondereinsätze vereinfachend angenommen, dass eine Fahrt einer Routenfahrt entspricht.

	Ebersbach	Salach	Uhingen	Wend-lingen
Anzahl Fahrgäste im Jahr insgesamt	14.906	5.400	11.259	13.334
Anzahl Linienfahrten im Jahr (Regelbedienung)	2.392	939	2.080	2.080
Anzahl Sonderfahrten im Jahr	10	98	11	6
Summe Linien- und Sonderfahrten im Jahr	2.402	1.037	2.091	2.086
Anzahl Routenfahrten im Jahr insgesamt	6.874	2.915	5.627	6.766
mittlere Anzahl Fahrgäste pro Fahrt	**6,2**	**5,2**	**5,4**	**6,4**
mittlere Anzahl Fahrgäste pro Routenfahrt	**2,2**	**1,9**	**2,0**	**2,0**

Tabelle 4-9: Mittlere Fahrzeugauslastung der Bürgerbusverkehre in den Anwendungskommunen[8]

---

[8] überschlägige Berechnung für das Bezugsjahr 2013, im Fall von Wendlingen 2014

Gemäß dieser Abschätzung nutzen im Jahresdurchschnitt je nach Anwendungs-kommune fünf bis sechs Fahrgäste eine Linien- oder Sonderfahrt des jeweiligen Bürgerbusses. Hierbei sind zum Teil jedoch nur die Fahrgäste berücksichtigt, die aufgrund eines Fahrscheinkaufes erfasst wurden. Pro Routenfahrt nutzen im Mittel zwei Fahrgäste das jeweilige Fahrzeug. Dieser Wert ist bei allen vier Kommunen ähnlich groß und liegt mutmaßlich unterhalb des realen Wertes, da ein Teil der Fahrgäste je nach Ziel während einer Fahrt auch über mehrere Fahrtrouten verkehrt.

Aussagen zur Fahrzeugauslastung an einem bestimmten Streckenquerschnitt oder in Abhängigkeit der Verkehrszeit sind nicht möglich, da hierzu keine detaillierten Daten vorhanden sind. Entsprechende Werte können aufgrund der unterschiedlichen räumlichen und zeitlichen Verteilung der Verkehrsströme zum Teil deutlich von den obigen Mittelwerten abweichen.

4.11   Finanzierung und Wirtschaftlichkeit

Um Aussagen zur Finanzierung und Wirtschaftlichkeit der Bürgerbusverkehre treffen und diesbezügliche Änderungen bei Einsatz eines e-Fahrzeuges bestimmen zu können, wurden im Zuge der Datenerhebung auch für diesen Bereich Daten bei den Bürgerbusvereinen und Anwendungskommunen abgefragt und ausgewertet.

Für das Bezugsjahr 2013 bzw. im Fall von Wendlingen 2014 belaufen sich die Gesamteinnahmen (netto) aus dem Bürgerbusbetrieb je nach Kommune auf rund 11.000 Euro (Salach) bis rund 21.000 Euro (Wendlingen). Sie setzen sich aus den Fahrgeldeinnahmen und den Einnahmen aus der Werbung am Bürgerbusfahrzeug zusammen. Hinzu kommen in der Regel weitere Einnahmen aus Mitgliedsbeiträgen und Spenden über die Bürgerbusvereine. Diese wurden separat erfasst, da sie prinzipiell unabhängig vom eigentlichen Bürgerbusbetrieb sind.

Abbildung 4-11 zeigt, dass der Anteil der Fahrgelderlöse an den Gesamteinnahmen aus dem Bürgerbusbetrieb mindestens 50 % ausmacht und bei zwei der Anwendungskommunen mit ca. 70 % (Uhingen) bzw. über 80 % (Ebersbach) deutlich darüber hinausgeht. Dies bedeutet im Umkehrschluss, dass der Anteil der Einnahmen aus der Fahrzeugwerbung je nach Kommune deutlich differiert und bestehende Potentiale noch weiter ausgeschöpft werden können.

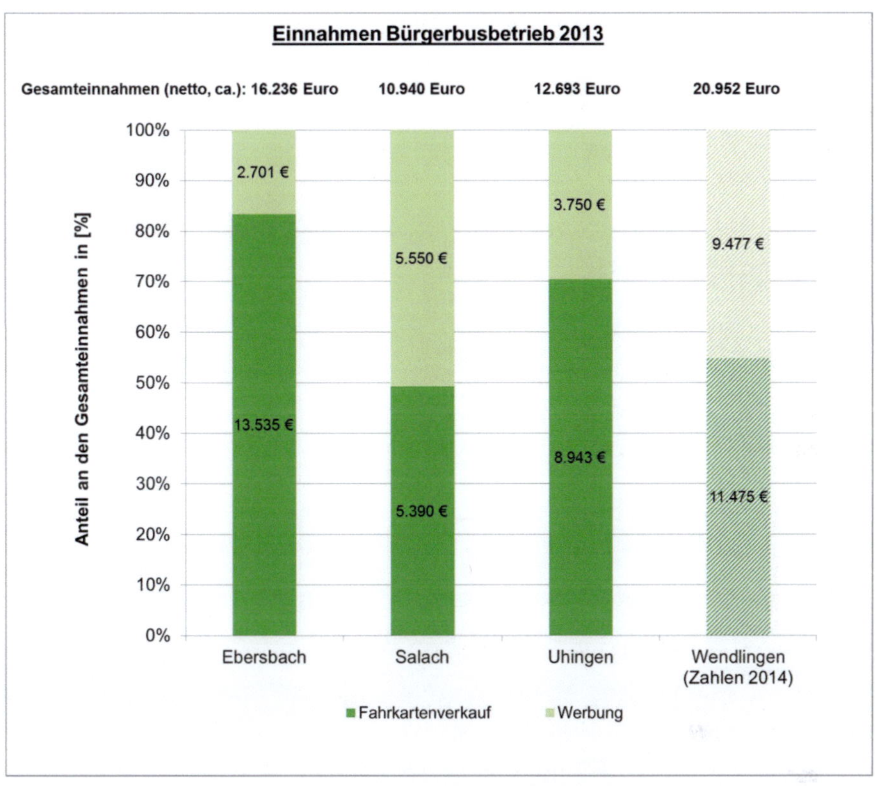

Abbildung 4-11: Einnahmen Bürgerbusbetrieb (Bezugsjahr 2013)

Die Gesamtausgaben (netto) für den laufenden Bürgerbusbetrieb 2013 bzw. im Fall von Wendlingen 2014 bewegen sich je nach Kommune zwischen rund 9.300 Euro (Salach) und rund 20.300 Euro (Ebersbach). Sie setzen sich aus verschiedenen Ausgabenbereichen zusammen, deren Anteile an den Gesamtausgaben in Abbildung 4-12 dargestellt sind. Nicht berücksichtigt ist demnach eine Abschreibung des Bürgerbusfahrzeuges. Auf Kosten und Finanzierung der Fahrzeuganschaffung wird an späterer Stelle separat eingegangen.

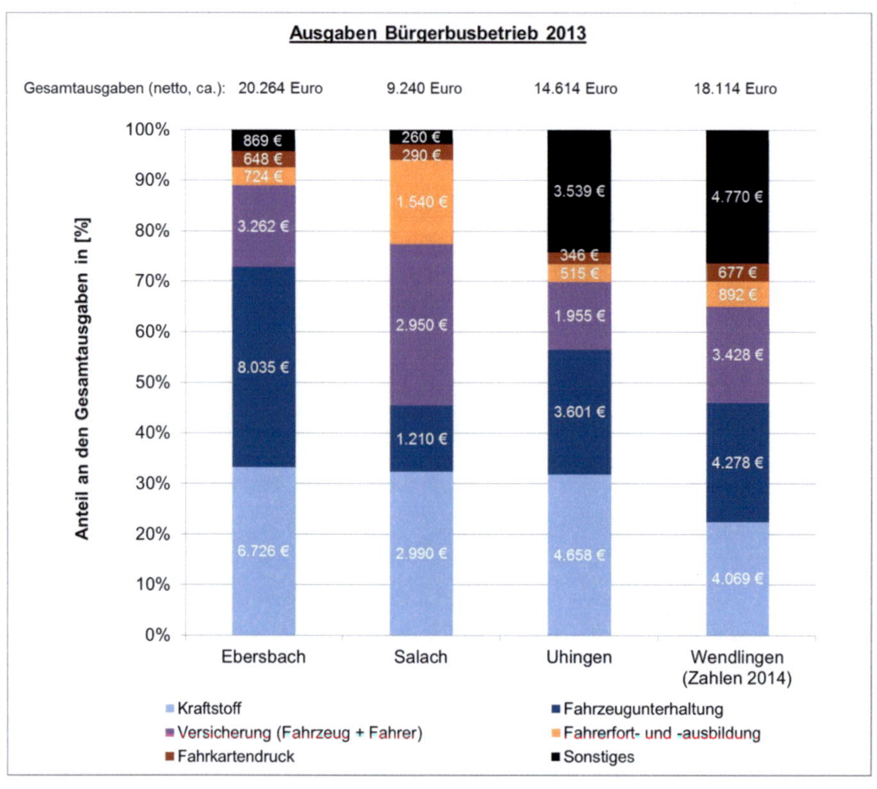

Abbildung 4-12: Ausgaben Bürgerbusbetrieb (Bezugsjahr 2013)

Die Kosten für den Kraftstoffverbrauch des dieselbetriebenen Bürgerbusfahrzeuges bilden demnach rund ein Drittel der gesamten Ausgaben, einzig im Fall von Wendlingen stellen diese nur etwas über 20 % an den Gesamtausgaben dar. Ein Grund hierfür können die im Bezugsjahr – auch absolut – erhöhten sonstigen Ausgaben sein. Weitere größere Ausgabenbereiche sind die Fahrzeugunterhaltung und die Versicherung von Fahrzeug sowie vom Fahrpersonal. Die Fahrzeugunterhaltungskosten unterscheiden sich sowohl absolut als auch relativ zu den Gesamtausgaben erheblich innerhalb der Anwendungskommunen. Hier spielen das unterschiedliche Alter der Fahrzeuge, die sich möglicherweise im Bezugsjahr ereigneten Unfälle sowie die dort angefallenen Reparaturen eine wesentliche Rolle. Die Versicherungskosten bewegen sich mit Werten zwischen rund 2.000 Euro (Uhingen) und rund 3.500 Euro (Wendlingen) absolut auf einem ähnlichen Niveau. Die Anteile an den Gesamtausgaben differieren aufgrund des unterschiedlichen Niveaus der Gesamtausgaben der einzelnen Kommunen stärker. Hinsichtlich des größten Absolutwertes für Wendlingen ist auch die dortige, im Vergleich zu den anderen drei Bürgerbusverkehren deutlich größere Zahl an ehrenamtlichen Fahrerinnen und Fahrern zu berücksichtigen.

Einen weiteren Ausgabenbereich stellen Fahrerfortbildung und -ausbildung dar, die absoluten Kosten betragen je nach Anwendungskommune rund 500 bis 1.500 Euro. Weniger stark ins Gewicht fallen die Kosten für den Fahrkartendruck mit Beträgen von unter 700 Euro im Fall aller vier untersuchten Bürgerbusverkehre. Die sonstigen Ausgaben differieren wiederum sowohl absolut als auch relativ zu den Gesamtausgaben erheblich innerhalb der Anwendungskommunen. Der für Wendlingen mit über 25 % sehr hohe Anteil enthält unter anderem ca. 2.036 Euro an Investitionen für Haltestellen und ca. 1.560 Euro für die Fahrplanerstellung und -verbreitung. Beides sind Ausgaben, die mit dem noch jungen Bestehen des dortigen Bürgerbusverkehres zusammenhängen (Inbetriebnahme 2013) und in den Folgejahren voraussichtlich nicht mehr oder nicht in dieser Höhe anfallen werden.

Bei Gegenüberstellung der laufenden jährlichen Einnahmen und Ausgaben, die direkt aus dem Bürgerbusbetrieb resultieren, ergibt sich folglich für das jeweilige Bezugsjahr für Ebersbach und Uhingen im Saldo ein Defizit, während Salach und Wendlingen einen entsprechenden Überschuss aufweisen. Ein auftretendes Defizit wird nach Angabe der Vereine vom Bürgerbusverein und/oder der Kommune übernommen. Unter Einbezug der weiteren Einnahmen (Mitgliedsbeiträge, Spenden) durch den jeweiligen Bürgerbusverein kann das Defizit im Bezugsjahr im Fall von Uhingen gedeckt und im Fall von Ebersbach nahezu gedeckt werden (verbleibende Differenz 261 Euro). Diese weiteren Einnahmen belaufen sich im Bezugsjahr je nach Verein auf rund 3.000 bis 3.800 Euro. Die Aufteilung in Mitgliedsbeiträge und Spenden gestaltet sich dabei sehr unterschiedlich. Wendlingen bildet aufgrund der anderen Struktur (kein reiner Bürgerbusverein, sondern Bürgerverein mit weiteren Aufgaben) eine Ausnahme, hier können als weitere Einnahmen nur die Spenden für den Bürgerbus berücksichtigt werden (ca. 2.000 Euro im Bezugsjahr 2014).

Die folgende Abbildung zeigt die Entwicklung der laufenden Einnahmen und Ausgaben der Bürgerbusverkehre für den 5-Jahreszeitraum 2009 bis 2013 im Vergleich:

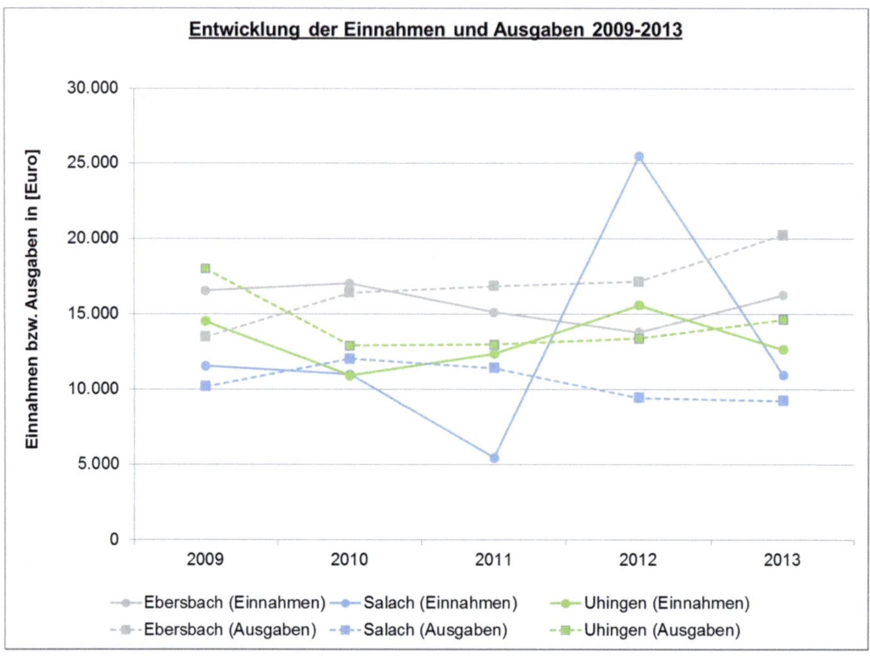

Abbildung 4-13: Entwicklung von Einnahmen und Ausgaben der Bürgerbusverkehre in den Anwendungskommunen 2009-2013

Demnach sind in diesem Zeitraum für den Bürgerbusbetrieb in Ebersbach die Ausgaben stetig gestiegen, während sich die Einnahmen phasenweise reduziert haben, was seit 2011 zu einem Defizit im Saldo führt. Der Bürgerbusbetrieb in Uhingen hat 2009 – ein Jahr nach Inbetriebnahme mutmaßlich vor allem durch zusätzliche einmalige Ausgaben bedingt – das größte Defizit verzeichnet und bis 2011 einen nahezu ausgeglichenen Saldo erreicht. Für 2012 ist in Folge sogar ein Überschuss ausgewiesen, der 2013 allerdings nicht wiederholt werden konnte. In Salach haben sich seit 2010 die Ausgaben für den Bürgerbusbetrieb stetig verringert, die Einnahmen konnten seit dem niedrigsten Stand in 2011 dann wieder gesteigert werden. Der sehr hohe Wert von 2012 ist jedoch zu relativieren. In diesem Jahr wurden sehr hohe Werbeeinnahmen erzielt, die nach Angabe des Bürgerbusvereins auch einen Zuschuss für das in demselben Jahr neu angeschaffte Fahrzeug enthalten. Wendlingen ist in dem Diagramm nicht dargestellt, da die Inbetriebnahme des dortigen Bürgerbusses erst im Mai 2013 erfolgte.

Werden bei den Einnahmen zusätzlich Mitgliedsbeiträge und Spenden des Bürger-
busvereines berücksichtigt, ergibt sich mit Blick auf die Entwicklung der Einnahmen
und Ausgaben im selben 5-Jahreszeitraum folgendes Bild:

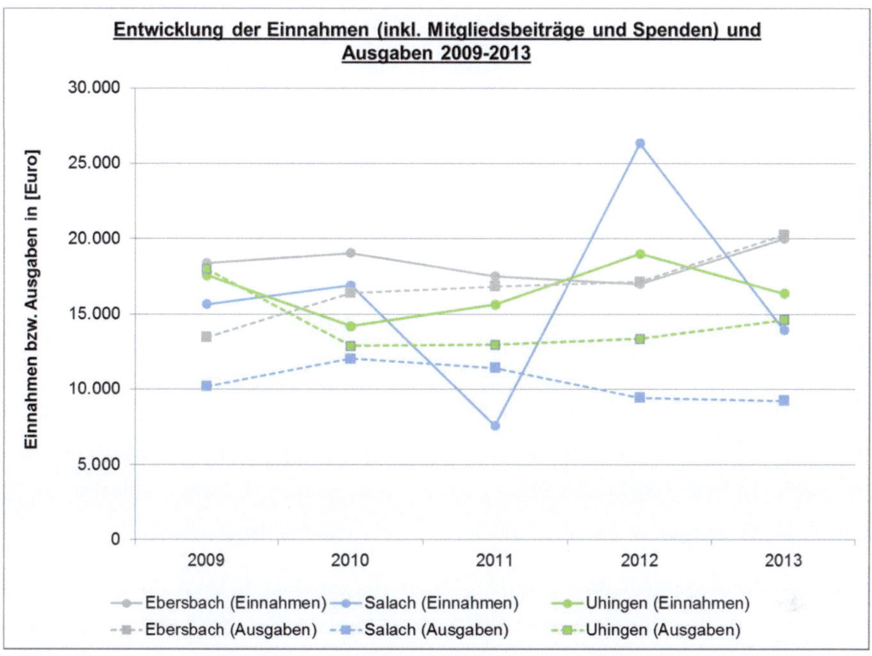

Abbildung 4-14: Entwicklung von Einnahmen (inkl. weitere Einnahmen durch die
Vereine) und Ausgaben der Bürgerbusverkehre 2009-2013

Dabei ist – unter Annahme keiner weiteren wesentlichen Ausgaben seitens der Bürgerbusvereine – festzustellen, dass in diesen drei Anwendungskommunen bis auf
eine Ausnahme (Salach 2011) jedes Jahr entweder ein Überschuss oder zumindest
ein annähernd ausgeglichener Saldo erreicht werden konnte. Dies deutet darauf hin,
dass sich der laufende Bürgerbusbetrieb (ohne Berücksichtigung der Kosten für die
Fahrzeuganschaffung) mit dem in den untersuchten Anwendungskommunen zugrundeliegenden Konzept weitestgehend selbst tragen kann und eine Defizitfinanzie-
rung durch Dritte (z. B. die Kommune) nur in seltenen Fällen erforderlich sein müsste.

Die Finanzierung der Fahrzeuganschaffung erfolgte in den Anwendungskommunen beim ersten Fahrzeug auf folgende Weise:

- Teilfinanzierung seitens der Kommune (Darlehen und/oder Zuschuss an Bürgerbusverein im Fall von Ebersbach, Salach und Uhingen bzw. Fahrzeug im Eigentum der Stadt im Fall von Wendlingen)
- Teilfinanzierung durch Förderung des Bundeslandes Baden-Württemberg

Bei Anschaffung eines neuen Bürgerbusfahrzeuges zum Ersatz des abgenutzten alten Fahrzeugs (Bsp. Salach 2012) kann zusätzlich eine Eigenleistung des Bürgerbusvereins hinzukommen. Im Fall von Salach waren dies 34 % der Anschaffungskosten, die in den Betriebsjahren zuvor angespart worden sind. Weitere 35 % wurden von der Gemeinde finanziert (ein Teil als Darlehen, ein Teil als Zuschuss), der Restbetrag wurde durch die Landesförderung abgedeckt.

Die Anschaffungskosten (netto) für ein Fahrzeug bewegen sich je nach Kommune zwischen rund 57.000 Euro (Uhingen) und 90.000 Euro (Wendlingen). Die Kosten für die jünger zurück liegenden Fahrzeugkäufe waren dabei höher als die für den Kauf der älteren Fahrzeuge. Der Anteil der Landesförderung fiel sowohl absolut mit Werten zwischen rund 8.300 und 25.000 Euro als auch relativ mit Werten zwischen 15 % und 40 % der jeweiligen Anschaffungskosten sehr unterschiedlich aus.

Die Förderbedingungen des Landes gemäß Bürgerbusprogramm 2015 sehen für Neufahrzeuge einen Förderbetrag von 22.500 Euro vor (vgl. [MVI BW 2015a]). Voraussetzung für eine Förderung ist die Anschaffung eines Kleinbusses mit acht Sitzplätzen (zuzüglich Fahrersitz) für den überwiegenden Einsatz im Linienverkehr nach § 42 PBefG sowie die Möglichkeit eines barrierefreien Einstiegs (z. B. mittels Rampe oder Hublift). Bei Ersatzbeschaffungen muss das Fahrzeug mindestens acht Jahre auf den Antragsteller zugelassen sein oder eine Laufleistung von mindestens 160.000 km überwiegend im Linienverkehr nach § 42 PBefG erbracht haben.

4.12 Optimierung der Einsatzbedingungen für den Testbetrieb

Für den Testbetrieb mit einem e-Fahrzeug wurde bezüglich der Mindestreichweite[9] des Fahrzeugs von 80 Kilometern und hinsichtlich der Dauer einer (vollen) Aufladung der Traktionsbatterie (z. B. in der mittäglichen Einsatzpause) von zwei Stunden ausgegangen.

Die bestehende Linienführung und Fahrplanung wurde daher in allen vier Anwendungskommunen im Zeitraum des Testbetriebs grundsätzlich beibehalten. Die längste Wegstrecke, die ohne Aufladung der Batterie gemäß Linien- und Fahrplanung bewältigt werden muss, beträgt ca. 80 km (Ebersbach, vormittags). In den anderen Kommunen sind diese Strecken zum Teil deutlich kürzer (ca. 33 bis 61 km). Die Einsatzpausen der Fahrzeuge zwischen der Bedienung am Vormittag und Nachmittag betragen mit Ausnahme von Wendlingen mehr als zwei Stunden. Für Wendlingen (1:46 h) wurde vorgesehen, in Abhängigkeit von der letztlich resultierenden Dauer der Ladevorgänge im Vorfeld des dortigen Testbetriebs zu entscheiden, ob die Einsatzpause geringfügig verlängert werden muss oder die erste Fahrt am Nachmittag mit dem bisherigen Dieselfahrzeug durchgeführt wird. Die Dauer der Einsatzpausen nachts, d. h. zwischen Nachmittags- und nächstem Vormittagsbetrieb ist für eine vollständige Aufladung der Traktionsbatterie in allen Kommunen ausreichend.

Bei der Planung von Sondereinsätzen sowie sonstiger Fahrzeugnutzungen mit dem e-Fahrzeug waren im Zeitraum des Testbetriebs der erforderliche Ladezustand zum Beginn des nächsten Regeleinsatzes sowie die dazu notwendige Ladezeit zu berücksichtigen. Die Verfügbarkeit des Fahrzeuges für die Regelbedienung im Linienverkehr hatte Vorrang. Konnte dies aufgrund zu kurzer Zwischenpausen oder zu langer Wegstrecken der Sonderfahrten nicht sichergestellt werden, sollten die Sondereinsätze mit dem bisherigen Dieselfahrzeug durchgeführt werden.

---

[9] D. h. die Weglänge, die das Fahrzeug unter den ungünstigsten realistisch anzunehmenden Einsatzbedingungen in den vier Anwendungskommunen mit einer vollgeladenen Traktionsbatterie ohne zwischengeschalteten Ladevorgang mindestens zurücklegen kann

4.13 Zwischenfazit

In einem ersten Schritt wurde in Arbeitspaket 1 des Projekts der Ist-Zustand der mit konventionellen Dieselfahrzeugen betriebenen Bürgerbusverkehre in den vier Anwendungskommunen Ebersbach (Fils), Salach, Uhingen und Wendlingen (Neckar) umfassend analysiert. Dazu wurde unter anderem im vierten Quartal 2014 eine Datenerhebung bei den jeweiligen Bürgerbusvereinen durchgeführt. Im Fall von Wendlingen erfolgte diese erst 2015, da die Stadt als weitere Anwendungskommune erst zu diesem Zeitpunkt hinzugenommen wurde.

Als wesentliches Ergebnis ist festzuhalten, dass trotz der unterschiedlichen topographischen und verkehrlichen Rahmenbedingungen und der durch die Batteriekapazität begrenzten Reichweite das bestehende Bedienungsangebot in Form von Linienführung und Fahrplan auch beim Einsatz eines e-Fahrzeugs im Rahmen des Testbetriebs unverändert bleiben konnte. Die Ergebnisse des Feldtests zeigen, inwieweit dennoch Anpassungen des Bedienungsangebotes oder weiterer Aspekte des Betriebs sinnvoll sein können, um optimale Einsatzbedingungen für ein e-Fahrzeug im Bürgerbusverkehr herzustellen (siehe hierzu auch Kapitel 7.1).

Weitere wichtige Ergebnisse haben sich mit Blick auf die gewünschte Verstetigung des Mobilitätskonzepts „Bürgerbus" aus den einzelnen Analysebereichen ergeben. Beispielsweise zeigt die Entwicklung der Anzahl an ehrenamtlichen Fahrerinnen und Fahrern (Abschnitt 4.6), die Entwicklung der Fahrgastzahlen (Abschnitt 4.10) und die Entwicklung der jährlichen Einnahmen und Ausgaben im Zusammenhang mit dem Bürgerbusbetrieb (Abschnitt 4.11) die grundsätzliche Tragfähigkeit des Bürgerbuskonzeptes in den Anwendungskommunen. Im Vergleich der Kommunen untereinander werden auch Potentiale für die zukünftige Weiterentwicklung dieses Mobilitätsansatzes ersichtlich, ein Beispiel hierfür sind die aus der Werbung am Fahrzeug zu erzielenden Einnahmen (siehe Abschnitt 4.11). Die Analyseergebnisse können zudem auch andere Kommunen beim Aufbau eines Bürgerbuskonzeptes unterstützen und dabei Orientierung geben.

5   Beschaffung eines e-Fahrzeugs

Angebot und Nachfrage für Elektrofahrzeuge in Deutschland sind im Vergleich zu den Modellpaletten der Hersteller für verbrennungsmotorisch angetriebene Fahrzeuge sowie den Zulassungszahlen dieser Fahrzeuge noch sehr klein. Der Markt wächst langsam und es sind überwiegend Fahrzeuge im Segment der Kleinwagen sowie der Kompaktklasse vorzufinden. Zum Jahresende 2015 waren in Deutschland über 25.000 rein batterieelektrische Fahrzeuge und über 130.000 Hybridfahrzeuge zugelassen [KBA 2017]. Dabei liegt mit über 5.760 zugelassenen batterieelektrisch betriebenen Fahrzeugen das Bundesland Bayern an erster Stelle, gefolgt von Baden-Württemberg mit 4.769 Fahrzeugen und Nordrhein-Westfalen mit 4.163 Fahrzeugen [Statista 2016]. 2016 wurden etwas mehr als 11.400 rein batterieelektrische Fahrzeuge in Deutschland neu zugelassen [Electrive 2017]. Im Vergleich zu dem Bestand an Personenkraftwagen mit Verbrennungsmotor beträgt der Anteil rein batterieelektrischer Fahrzeuge am Ende des Jahres 2015 am Gesamtbestand aller Personenkraftwagen in Deutschland 5,7 % [KBA 2017].

Für die Beschaffung von e-Fahrzeugen der Klasse leichter Nutzfahrzeuge, die überwiegend für den Einsatz als Bürgerbus aufgrund der Erfüllung förderrechtlich notwendiger Ausstattungsmerkmale verwendet werden, ergibt sich eine Vielzahl von Herausforderungen.

Aufgrund der in Kapitel 4.5 genannten Anforderung des Führens eines e-Bürgerbusses mit einem Führerschein der Klasse B ergibt sich die Restriktion eines maximal zulässigen Gesamtgewichts von 3,5 Tonnen. Durch hohe Batteriegewichte kann es dazu kommen, dass mit der verbleibenden Zuladung nicht ausreichend Nutzlast zur Verfügung steht, um acht Fahrgäste transportieren zu können. Darüber hinaus muss das Fahrzeug gesetzliche Anforderungen erfüllen, um beispielsweise für den Personentransport zugelassen zu werden. Ferner sind Anforderungen der Konzessionsgeber, Fahrer und überwiegend älterer Fahrgäste zu berücksichtigen. Zusatzausstattungen im Fahrzeug wie beispielsweise eine Zielanzeige auf dem Fahrzeugdach oder eine Rampe für den Rollstuhltransport, sorgen für zusätzliches Gewicht.

Es ist zu konstatieren, dass es Stand 2016 für die Fahrzeugklasse der leichten Nutzfahrzeuge keine elektrisch angetriebenen Serienfahrzeuge gab. Da dieser Umstand auch zu Projektbeginn galt, wurde daher eine Marktanalyse durchgeführt und Möglichkeiten zur Umrüstung von Fahrzeugen mit Verbrennungsmotor auf einen rein batterieelektrischen Antrieb eruiert.

5.1 Marktanalyse zu Projektbeginn

Im Rahmen einer Marktanalyse konnten nur wenige Firmen im In- und Ausland identifiziert werden, die durch individuelle Umrüstungen e-Bürgerbusse zur Verfügung stellen können.

Als ein namhafter Hersteller wurde Mercedes-Benz kontaktiert. Mit dem Van Vito E-Cell befand sich zwar ein größeres elektrisch angetriebenes Fahrzeug im Portfolio, allerdings wurde dieser Ansatz aufgrund der geringen Fahrzeuggröße (kein bequemer Ein-/Ausstieg möglich, z. B. wegen des niedrigen Daches), der geringen Reichweite und nicht vorhandener Heizung nicht weiterverfolgt. Das Fahrzeug ist nicht in die Serienfertigung überführt worden [Wikipedia 2016] und nur vereinzelt an Endkunden ausgeliefert worden - z. B. als e-Bürgerauto, siehe [NVBW 2017]. Insbesondere aus Platzgründen wurde auch der Van NV200 von Nissan, sei es zu Beginn des Projekts als Umrüstung des Herstellers E-Wolf oder im weiteren Verlauf auch von Nissan als e-NV200 angeboten, nicht weiterverfolgt.

Weiterhin hat sich erwiesen, dass die Anbieter nicht zwingend die notwendige Leistungsfähigkeit aufweisen, um auch perspektivisch am Markt zu bestehen. Ein vielversprechendes Konzept war die Umrüstung eines Ford Transit durch den amerikanischen Hersteller Smith Electric Vehicles mit der Bezeichnung Edison. Die folgende Abbildung 5-1 zeigt ein Vorführfahrzeug im Landkreis Göppingen sowie den Motorraum dieses e-Minibusses.

Abbildung 5-1:   Umgerüsteter Ford Transit der Firma Smith Electric Vehicles (Foto: Krams)

Der Edison wurde vereinzelt eingesetzt, z. B. in Hamburg am Flughafen als Crew-Bus oder als Passagiershuttle zum Pendeln zwischen Flughafen und angrenzenden Hotels. Der Hersteller hat sich jedoch aus dem europäischen Markt zurückgezogen und konzentriert sein Geschäft in Amerika (Sitz des Konzerns) auf die Herstellung von elektrisch betriebenen Lkw.

Die Elektrifizierung des Basisfahrzeugs Ducato von FIAT hat kurzzeitig die WEMAG AG aus Schwerin übernommen. Zur Ergänzung des Portfolios hatte man dort unter der Marke ReeVOLT! in das Hamburger Unternehmen Karabag 2014 investiert und dieses 2015 aufgekauft. Noch im Jahr 2015 verkaufte die WEMAG AG diese Sparte an die Hamburger Emovum GmbH. Die folgende Abbildung 5-2 zeigt einen elektrisch betriebenen Ducato für den Gütertransport.

Abbildung 5-2: Umgerüsteter Fiat Ducato der Marke ReeVOLT! (Foto: Schiefelbusch)

Mit dem Mercedes Sprinter als Basisfahrzeug hat der Hersteller German E-Cars GmbH aus Kassel unter der Bezeichnung Plantos einen elektrisch betriebenen Minibus im Portfolio, dessen Basisfahrzeug von vielen Bürgerbusvereinen bundesweit eingesetzt wird. Als einziger Hersteller hatte dieser zu Projektbeginn eine Umrüstung realisiert, die für den konzessionierten Linienverkehr ausgestattet ist. Dieses Fahrzeug wurde im Zuge des Projektes „mobil4you" mit dem Hochsauerlandkreis und der RLG (Regionalverkehr Ruhr-Lippe GmbH) beschafft und ist unter den Bezeichnungen „MedeBus" und „WinBus" in den Orten Medebach und Winterberg seit 2013 im Einsatz.

Die Abbildung 5-3 zeigt diesen e-Minibus im Realbetrieb. Da dieses e-Fahrzeug von Berufskraftfahrern gefahren wird, war die Einhaltung der Gewichtsrestriktion von maximal 3,5 Tonnen keine Muss-Anforderung. Dieser e-Minibus wiegt mehr als 3,5 Tonnen und ermöglicht den Transport von acht Fahrgästen.

Abbildung 5-3:   Umgerüsteter Mercedes Benz Sprinter von German E-Cars (Foto: German E-Cars)

Allen bisher genannten Herstellern ist gemein, dass sie ein elektrifiziertes Basisfahrzeug liefern. Beschaffung und Elektrifizierung erfolgen aus einer Hand, allerdings wird die Umrüstung für den konzessionierten Linienbetrieb in einem ersten Schritt vor der Elektrifizierung durch Partner realisiert, die in der Nische der Umrüstung von Minibussen Expertise aufweisen.

Das in Zell unter Aichelberg ansässige Unternehmen EFA-S GmbH (ElektroFahrzeuge-Stuttgart) elektrifiziert Fahrzeuge sämtlicher Klassen, die durch einen Auftraggeber für die Umrüstung bereitgestellt werden müssen. Bekannt ist das Unternehmen durch seine Kooperation mit dem Paketdienstleistungsunternehmen UPS (United Parcel Service of America, Inc.). 2015 wurde ein von EFA-S elektrifizierter Mercedes Benz Sprinter City 35 in der Gemeinde Baiersbronn für den Einsatz im Linienverkehr eingeweiht. Der in Abbildung 5-4 dargestellte E-Bus ist für den Transport von 20 Personen ausgelegt und dadurch u. a. deutlich zu schwer für den Einsatz als e-Bürgerbus.

Abbildung 5-4:   Umgerüsteter Mercedes Benz Sprinter City 35 von EFA-S (Foto: EFA-S)

Darüber hinaus waren e-Fahrzeugkonzepte in den Fokus gerückt, die ab Werk über Niederflureinstiege verfügen. Zu nennen sind beispielsweise die Minibusmodelle Zeus des italienischen Herstellers BredaMenarinibus oder das Modell Oréos 2x des französischen Herstellers PVI (Power Vehicle Innovation). Beide Modelle erwiesen sich als zu schwer mit dem Hinweis der Hersteller, dass perspektivisch keine nennenswerte Gewichtsreduktion zu erwarten sei.

5.2   Ausschreibung

Innerhalb des Projektkonsortiums wurde vereinbart, dass die NVBW Eigentümer des zu beschaffenden e-Bürgerbusses wird. Neben der Vereinfachung der Fahrzeugbeschaffung als auch der -haltung durch die Rechtsform einer GmbH (Gesellschaft mit beschränkter Haftung) gegenüber einer Universität mit der Rechtsform KöR (Körperschaft des öffentlichen Rechts)[10] stand insbesondere das Ziel im Vordergrund, den e-Bürgerbus nach Projektende weiteren Bürgerbusvereinen im Sinne einer Verstetigung zur Verfügung stellen zu können. Aufgrund formaler Vorschriften (insbesondere der Berücksichtigung der VOL (Vergabe- und Vertragsordnung für Leistungen)) wurde eine öffentliche Ausschreibung national über den Staatsanzeiger vorgenommen. Über die in der Ausschreibung genannten Kontaktdaten konnten die Ausschreibungsunterlagen angefordert werden. Kern der Ausschreibungsunterlagen ist das Lastenheft mit der Auflistung der Anforderungen, die das zu beschaffende Fahrzeug aufweisen sollte (siehe dazu Anhang V).

Die einzelnen Anforderungen wurden gruppiert und mit Prioritäten versehen.

- Essentiell (Priorität 1, „muss"): unbedingt zu erfüllen – wenn nicht erfüllt, Systemziel in Gefahr
- Erforderlich (Priorität 2, „sollte"): sollte, wenn möglich, erfüllt werden – wenn nicht erfüllt, Systemziel nicht unmittelbar in Gefahr
- Wünschenswert (Priorität 3, „wird"): wäre gut zu haben, wird aber nicht unmittelbar zur Erreichung des Systemziels benötigt

Die Zuschlagskriterien wurden mit der Ausschreibung kommuniziert. Dabei handelte es sich um die gleichgewichteten Kriterien Preis und Qualität. Der Zuschlag erfolgte auf das unter Berücksichtigung aller Umstände wirtschaftlichste Angebot unter Zuhilfenahme eines dreistufigen Verfahrens (vgl. Tabelle 5-1). Die Gewichtung der Anforderungen erfolgte dabei unter Anwendung von Teilen des ISO Standards 16355 zu Quality Function Deployment [ISO 16355].

---

[10] Hervorzuheben ist, dass die Universität Stuttgart als KöR und Landeseinrichtung des Landes Baden-Württemberg dem Selbstversicherungsgrundsatz unterliegt. Risiken, die sich beispielsweise aus der Haltung eines Fahrzeugs ergeben, werden nicht durch den Abschluss einer Kfz-Versicherung versichert. Vielmehr werden durch Instrumente zum Risikoausgleich Schäden im Eintrittsfalle aus Haushaltseinnahmen beglichen.

Stufe	Beschreibung
1	Anforderungen werden gemäß ihrer Priorität <u>gewichtet</u>: - Essentiell: Gewichtung mit Faktor 9 - Erforderlich: Gewichtung mit Faktor 3 - Wünschenswert: Gewichtung mit Faktor 1 Ergebnis ist die relative Bedeutung einer Anforderung.
2	Angebote und deren Lösungsmerkmale zur Erfüllung einer Anforderung werden in Abhängigkeit ihres Beitrags zur Anforderungserfüllung <u>bewertet</u>. Der Grad der Anforderungserfüllung durch ein Lösungsmerkmal wird dabei wie folgt gewichtet. - Voll erfüllt: Gewichtung mit Faktor 9 - Teilweise erfüllt: Gewichtung mit Faktor 3 - Nicht erfüllt: Gewichtung mit Faktor 0 Ergebnis ist der Beitrag eines Lösungsmerkmals zur Anforderungserfüllung.
3	Angebote werden unter rechnerischer Berücksichtigung der Ergebnisse aus Stufe 1 und 2 bewertet. Dazu werden die Beiträge der Lösungsmerkmale zur Anforderungserfüllung mit den korrespondierenden relativen Bedeutungen der Anforderungen multipliziert und die Ergebnisse aufsummiert. Ergebnis ist die <u>relative Bewertung</u> eines Angebots, die für das Ranking aller Angebote hinsichtlich ihrer Qualität herangezogen wird.

Tabelle 5-1: Zuschlagsermittlungsverfahren

Die öffentliche Ausschreibung brachte bis zum Ende der Angebotsfrist keine Angebote hervor, weshalb im Anschluss eine beschränkte Ausschreibung vorgenommen wurde. Bei dieser Form der Ausschreibung werden mögliche Leistungserbringer unmittelbar unter Wahrung einer Frist schriftlich zur Angebotsabgabe aufgefordert. Es gingen drei Angebote ein. Den Zuschlag für das wirtschaftlichste Angebot erhielt die German E-Cars GmbH für das Modell Plantos, welches im Folgenden vorgestellt wird.

5.3   Erprobungsfahrzeug: Plantos der German E-Cars GmbH

Der Plantos der German E-Cars GmbH aus Kassel basiert auf dem Mercedes-Benz Sprinter Typ 310 CDI KB als Neuwagen.

5.3.1   Herstellungsprozess

Wie in Kapitel 5.1 hervorgehoben, gibt es noch keine für den Personentransport ausgestatteten e-Minibusse, die ab Werk als Serienfahrzeug bestellbar sind. Vielmehr erfolgt die Fertigstellung in mehreren Schritten:

1. Beschaffung des Basisfahrzeugs beim Hersteller
2. Umrüstung des Fahrzeuginnenraums entsprechend der Empfehlungen und Anforderungen an den Personentransport im konzessionierten Linienverkehr
3. Elektrifizierung des umgerüsteten Fahrzeugs
4. Fahrzeugzulassung
5. Fahrzeugauslieferung an den Besteller

Im hier beschriebenen Projekt führte der erste Schritt, die Beschaffung des Basisfahrzeugs, zu Verzögerungen. Mit der German E-Cars GmbH war die Verwendung eines Mercedes-Benz Sprinters der Serie Mobility (Modell Mobility 23) vorgesehen. Fahrzeuge dieser Serie sind bereits ab Werk eines Tochterunternehmens der Daimler Evobus GmbH (ein Tochterunternehmen des Daimler Konzerns), der Mercedes-Benz Minibus GmbH, für den Personentransport ausgestattet. Beispielsweise sind Trittstufen für den erleichterten Einstieg, Einstiegshilfen oder eine Einzelsitzplatzbestuhlung konfigurierbar und ab Werk verfügbar.

Um Haftungsrisiken begrenzen zu können, bestehen Verträge zwischen so genannten Aufbauherstellern – Herstellern, die bauliche Veränderungen an Serienfahrzeugen vornehmen – und den liefernden Fahrzeugherstellern. Ein solcher zwischen dem Daimler Mutterkonzern und der German E-Cars GmbH vorhandener Vertrag galt jedoch nicht für das Verhältnis zwischen der Mercedes-Benz Minibus GmbH und der German E-Cars GmbH. Da der Abschluss eines solchen Vertrages perspektivisch nicht in Aussicht stand, wurde statt des Sprinter Mobility 23 eine für den Personentransport ausgelegte Variante des Sprinters des Daimler Konzerns beschafft. Deshalb wurde der unter 2. genannte Schritt der Umrüstung des Fahrzeuginnenraums durch einen weiteren Vertragspartner notwendig. Diese Arbeiten führte die TS Fahrzeugtechnik GmbH aus Weida durch.

Die Elektrifizierung des Antriebsstrangs erfolgte durch die German E-Cars Research and Development GmbH in Cottbus. Zu erwähnen ist auch die Beklebung des e-Bürgerbusses im Corporate Design der NVBW, die vor der Fahrzeugauslieferung erfolgte. Die folgende Abbildung 5-5 zeigt den e-Bürgerbus kurz nach der Fertigstellung auf dem Werksgelände des Herstellers (weiter Abbildungen in Anhang VI).

Abbildung 5-5:   e-Bürgerbus (Foto: German E-Cars GmbH)

5.3.2   Fahrzeugspezifikationen

Das Basisfahrzeug verfügt ab Werk u. a. über die in Tabelle 5-2 genannten Ausstattungsmerkmale.

Merkmal	Ausprägung
Radstand	3.665 mm
Gesamtlänge	5.910 mm
Zulässiges Gesamtgewicht	3,5 Tonnen
Getriebe	6-Gang-Schaltgetriebe
Fahrwerk	Servolenkung, elektronisches Stabilitätsprogramm, Stabilisator an Vorder- und Hinterachse
Karosserie, Auf- und Anbauten	Hochdach, elektrische Schiebetür rechts, Außenspiegel mit Blinker, heizbar und elektrisch verstellbar, Blinkfahrleuchten zusätzlich auf dem Dach, wärmedämmendes Glas
Innenausstattung, Heizung und Klima	Fahrerschwingsitz, Wärmeisolierung Fahrer- und Fahrgastraum
Instrumente	Seitenwind- und Berganfahrassistent

Tabelle 5-2:   Auswahl relevanter Ausstattungsmerkmale des Basisfahrzeugs Sprinter 310 CDI KB

Darüber hinaus verfügt das Fahrzeug nach der Umrüstung durch die TS Fahrzeugtechnik über einen rutschhemmenden Fußbodenbelag, eine zusätzliche Dachluke im Fahrgastraum zur Belüftung im Sommer sowie über sechs Fahrgastsitzplätze[11]. Die folgende Abbildung 5-6 zeigt die Front- und Heckansicht sowie in der Aufsicht den Bestuhlungsplan.

---

[11] Im Projektverlauf wurde ein siebter Fahrgastsitz nachträglich eingebaut, siehe Kapitel 7.2.

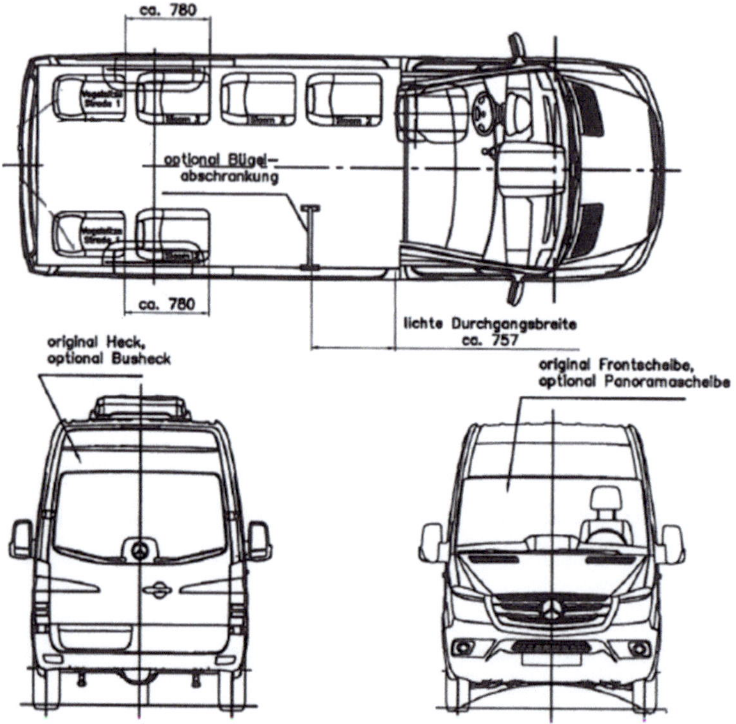

Abbildung 5-6:   Front-, Heck- und Aufsicht des e-Bürgerbusses

Durch die Elektrifizierung des Antriebsstrangs ergeben sich die in folgender Tabelle 5-3 dargestellten Merkmale.

Merkmal	**Ausprägung**
Antriebsart	Heckantrieb
Motortyp	Drehstrom-Synchron-Elektromotor
Anzahl Gänge	6

Max. Leistung	85 kW
Höchstgeschwindigkeit	130 km/h
CO_2-Emissionen	0 g/km
Batterietyp	Lithium-Eisen-Phosphat
Batteriegewicht	611 kg
Nennkapazität Batterie	38,8 kWh
Stromverbrauch (gemäß NEFZ (Neuem europäischem Fahrzyklus))	35,5 kWh/100 km
Standardladung	230 V AC, 11 kW/h
Ladestecker fahrzeugseitig	Typ 2
Ladedauer 0 % auf 100 % – Typ 2 (mit 11 kW/h)	max. 4 h
Ladedauer 0 % auf 100 % – Schuko (mit 3,7 kW/h)	max. 11 h
Reichweite nach NEFZ	120 km
Energierückgewinnung	im Schiebebetrieb
Display mit Batteriestand, Batteriespannung, Temperatur Traktionsbatterie, theoretische Restreichweite	-
Datenschnittstelle zum Auslesen selektiver Fahrzeug- und Batteriedaten	-

Tabelle 5-3: Auswahl relevanter Ausstattungsmerkmale des e-Bürgerbusses

Als Besonderheit zu erwähnen ist, dass der e-Bürgerbus der German E-Cars über ein manuelles Schaltgetriebe verfügt. Als Ausgründung der Fräger Antriebstechnik GmbH, einem ehemaligen Zulieferbetrieb für die Automobilindustrie, verzichtet man bei der German E-Cars GmbH bei der Elektrifizierung von Fahrzeugen auf die Nutzung von Automatikgetrieben. In der Fahrpraxis im e-Bürgerbusbetrieb hat dies allerdings keine Probleme verursacht, da lediglich der zweite Gang im innerörtlichen Verkehr genutzt werden muss. Dieser erlaubt Geschwindigkeiten von 0-65 km/h und ein Fahrgefühl wie mit einem Automatikgetriebe. Lediglich bei Berganfahrten und voll beladenem Fahrzeug musste der erste Gang oder bei Überland- und Autobahnfahrten der dritte, vierte bzw. fünfte Gang genutzt werden.

5.4 Ladeinfrastruktur

Ladeinfrastruktur (LIS) wird hinsichtlich ihrer Fähigkeit zur Schnellladung klassifiziert. Schnelladepunkte sind Lademöglichkeiten, an denen Strom mit einer Ladeleistung von mehr als 22 kW an ein Elektrofahrzeug übertragen werden kann. In Deutschland vorherrschend sind sogenannte Normalladepunkte, an denen Strom mit einer Ladeleistung von höchstens 22 kW an ein Elektrofahrzeug übertragen wird (vgl. [EU 2014]). Für gewöhnlich erfolgt die Schnellladung mit Gleichstrom (DC – direct current, meist 400 Volt; sog. Starkstromanschluss), während die Normalladung mit Wechselstrom (AC – alternating current, meist 230 Volt; Haushaltsanschluss mit schwarzer Schukosteckverbindung) erfolgt.

Durch den de-facto-Standard für Steckverbindungen zwischen Fahrzeug und LIS, dem sogenannten Typ-2-Stecker, ist mit den meisten in Deutschland verfügbaren Elektrofahrzeugen ein Laden an öffentlichen Ladestationen möglich. Darüber hinaus ist für Schnellladungen der Typ2-Combo-Stecker sowie der CHAdeMO-Stecker gebräuchlich.

Gängige Unterscheidungen zur Art des Zugangs sind Strukturen im privaten, halböffentlichen sowie öffentlichen Raum (vgl. [Dallinger et al. 2011]):

- Privates Laden bezeichnet die Durchführung des Ladevorgangs auf dem eigenen Gelände ohne Zugang für Dritte. Für einen e-Bürgerbus wäre das ein nicht öffentlich zugänglicher Stellplatz, z. B. auf einem Bauhof. Für diesen Zweck bietet sich eine einfache LIS an, eine sogenannte Wallbox,[12] die bspw. keiner Abrechnungsmethodik bedarf.

- Halb-öffentliches Laden bezeichnet Laden an Orten, die von einer bestimmten Klientel regelmäßig aufgesucht werden. Dazu zählen z. B. Firmengelände von Arbeitgebern. Die LIS ist mit einer Chip-Karte oder einem Schlüssel zugangsbeschränkt, weshalb hier oftmals pauschale Abrechnungssysteme zum Einsatz kommen und auch Wallboxen verwendet werden können.

- Bei öffentlichem Laden findet keine Zugangsbeschränkung zur LIS für Dritte statt, weshalb Zugriff, Abrechnung u. v. m. verbindlich geregelt werden muss. Insbesondere die Kompatibilität von Abrechnungsmodellen verschiedener Anbieter ist noch nicht bundes- oder gar europaweit harmonisiert.

Ist in der Anwendungskommune eine öffentliche Ladesäule vorhanden, so kann diese grundsätzlich von einem e-Bürgerbus genutzt werden. Da die Belegung des zugehörigen Stellplatzes durch andere Fahrzeuge nicht ausgeschlossen werden kann, werden ein eigener Stellplatz sowie eine exklusiv durch den Verein nutzbare LIS empfohlen.

Unabhängig von der Fähigkeit zur Schnellladung einer LIS stellt das e-Fahrzeug mit seiner maximalen Ladeleistung des im Fahrzeug verbauten Ladegeräts die Limitierung der maximal möglichen Ladeleistung dar. LIS ist in der Regel abwärtskompatibel, sodass mit einer Ladestation mit maximal 22 kW Leistung auch ein e-Fahrzeug mit einer Ladeleistung von 3,7 kW geladen werden kann. Ein e-Fahrzeug mit einem Ladegerät mit einer maximalen Ladeleistung von 3,7 kW kann nicht mit einer Ladeleistung größer als diesem Wert geladen werden.

Im Projekt e-Bürgerbus verfügte der e-Bürgerbus über eine Ladeleistung von 11 kW und wurde mit einem Typ2-Stecker geladen (siehe Kapitel 5.3.2). Um mit dieser Leistung laden zu können, muss eine LIS mit mindestens dieser Ladeleistung zur Verfügung stehen. Somit war als LIS für den e-Bürgerbus ein Normalladepunkt mit der weit verbreiteten Typ2-Steckverbindung hinreichend, sodass keine größere Herausforderung bei der Beschaffung der LIS für den e-Bürgerbus entstand.

---

[12] Teilweise können e-Fahrzeuge auch mit einem Schuko-Stecker über die Haushaltssteckdose geladen werden, sofern mit einer Sicherung und einem Fehlerstrom- und Leistungsschutzschalter versehen.

Aufgrund des Wechsels des Einsatzortes des e-Bürgerbusses und dessen Einsatz über die Projektlaufzeit hinaus wurde eine mobile LIS im Projekt beschafft. Dabei handelt es sich um eine Wallbox für den privaten oder halb-öffentlichen Raum, die auf einem portablen Standfuß montiert und mit einer handelsüblichen Steckverbindung für den Hausanschluss versehen wurde. Durch die genormte Steckverbindung zwischen Fahrzeug und Wallbox ist die Handhabung für die Bürgerbusfahrer unproblematisch. Der hausseitige Anschluss erfolgte in der jeweiligen Anwendungskommune mit Unterstützung des LIS-Anbieters sowie mit in der Kommune beschäftigten Elektrikern an dem jeweiligen Stellplatz des e-Bürgerbusses.

Die folgende Abbildung 5-7 zeigt die LIS der Firma Heldele GmbH am Fahrzeugabstellort des Bürgerbusvereins Salach in einer Garage der Anwendungskommune.

Abbildung 5-7:   Mobile LIS am Fahrzeugstellplatz des Bürgerbusvereins Salach
(Foto: Krams)

In der Anwendungskommune Ebersbach (vgl. Abbildung 5-8) wurde die LIS unmittelbar am Rathaus an einem für die Projektlaufzeit temporären Bürgerbusparkplatz positioniert.

Abbildung 5-8:   Mobile LIS am temporären Fahrzeugstellplatz des Bürgerbusvereins Ebersbach (Foto: Maerker)

Neben den in Kapitel 6.1.3 erwähnten Fahrerschulungen theoretischer Art als auch praktisch auf der Bürgerbuslinie fanden ebenfalls praktische Einweisungen in die Nutzung der LIS jeweils vor Ort in den Anwendungskommunen statt.

5.5   Laufende Marktbeobachtung und Entwicklungen

Die laufende Marktbeobachtung während des Projekts hat gezeigt, dass kleine und mittelständische Unternehmen mit elektrischen Fahrzeugkonzepten neu in den Markt eintreten, es aber auch Hersteller gibt, die sich wieder vom Markt zurückziehen.

Wie in Kapitel 5.1 beschrieben, ist aus der Marke ReeVOLT! der Anbieter Emovum hervorgegangen [Emovum 2017]. Mit einem elektrisch betriebenen FIAT Ducato hat dieser Hersteller ein für Bürgerbusvereine passendes e-Fahrzeug im Portfolio. Durch den serienmäßigen Frontantrieb des Ducatos wird Gewicht gespart, da keine Antriebswelle vom Motor zur Hinterachse verbaut werden muss. Die folgende Abbildung 5-9 zeigt eine Variante für den Gütertransport, laut Hersteller ist eine Version für den Personentransport bestellbar.

Abbildung 5-9:   FIAT Ducato-Umrüstung des Herstellers Emovum GmbH
(Foto: Emovum GmbH)

Auf der IAA (Internationale Automobil-Ausstellung) 2016 konnte kein Durchbruch hinsichtlich der Verfügbarkeit rein batterieelektrischer Fahrzeuge der Klasse leichter Nutzfahrzeuge festgestellt werden. Von OEMs (Original Equipment Manufacturer) kann exemplarisch nur der VW e-Crafter genannt werden, der 2017 zunächst für den Gütertransport eingesetzt werden soll (siehe Abbildung 5-10) [VW e-Crafter 2017].

Abbildung 5-10: Volkswagen e-Crafter (Foto: Volkswagen AG)

Die auf den Personentransport spezialisierte Firma VDL Bus & Coach ist mit dem elektrisch betriebenen Minibus MidBasic electric auf der IAA 2016 aufgefallen [VDL Bus&Coach 2016]. Die folgende Abbildung 5-11 zeigt das rein batterieelektrische Fahrzeug auf Basis eines Mercedes-Benz Sprinters. Der Hersteller wirbt damit, dass dieser e-Minibus unter Einhaltung der Gewichtsrestriktion von 3,5 Tonnen neben dem Fahrersitzplatz acht Fahrgäste befördern kann.

Abbildung 5-11: Mercedes-Benz Sprinter-Umrüstung von VDL Bus & Coach (Foto: VDL Bus & Coach)

Für die Anwendung als e-Bürgerbus kann eine Kapazität des verbauten Akkus gewählt werden, die eine Reichweite bis zu 200 km erlaubt. Das Laden erfolgt mit 22 kW und einem genormten Typ2-Stecker und ermöglicht eine Vollladung in weniger als vier Stunden. Zu diesem Fahrzeug liegen bisher jedoch noch keine Praxiserfahrungen als e-Bürgerbus vor.

Ein baulich ähnliches Fahrzeug wurde durch das österreichische Unternehmen Kreisel Electric (siehe Abbildung 5-12) gebaut. Das Fahrzeug ist in Nürtingen im Landkreis Esslingen im Linienverkehr des ÖPNV im Einsatz.

Abbildung 5-12: Mercedes-Benz Sprinter-Umrüstung von Kreisel Electric (Bild: team red Deutschland GmbH)

5.6   Zwischenfazit

Es war nicht zu erkennen, dass sich während der Projektlaufzeit der Markt für elektrisch betriebene (oder mit Hybridantrieb ausgestattete) leichte Nutzfahrzeuge signifikant weiterentwickelt hat. Da die hier beschriebenen e-Fahrzeuge auch für KEP-Dienste (Kurier-/Express- und Paketdienste) geeignet sind, ist perspektivisch mit einer Verbesserung des Marktangebots zu rechnen. Dennoch wird voraussichtlich der Schwerpunkt bei der Ausrüstung dieser Fahrzeugklasse mit elektrischem Antrieb auf dem Gütertransport liegen. Daraus wird sich perspektivisch auch weiterhin die Notwendigkeit ergeben, dass die e-Minibusse durch spezialisierte Umrüster im Innenraum für den Personentransport im Linienverkehr baulich verändert werden müssen.

Ferner sind die in diesem Kapitel beschriebenen e-Minibusse keine Niederflurfahrzeuge, was insbesondere den Einstieg für mobilitätseingeschränkte Personen (z. B. auch mit Rollatoren) erschwert. Da die Antriebsbatterien für Elektrofahrzeuge im Unterboden verbaut werden, ergibt sich diesbezüglich eine besondere Herausforderung.

Die Realisierung eines Niederflurkonzepts erprobt ein Projektkonsortium in einem Modellversuch bei Göttingen. Der Beginn des Testbetriebs in Niedersachsen ist für

Mitte 2017 geplant [NVBW 2017]. Statt der zuvor vorgestellten Elektrifizierung eines leichten Nutzfahrzeugs mit konventionellem Antrieb und anschließender Umrüstung für den Personenverkehr wird dort ein ab Werk elektrisch betriebener Großraum-PKW zum e-Bürgerbus umgebaut. Dabei handelt es sich um den in 5.1 vorgestellten Nissan e-NV200.

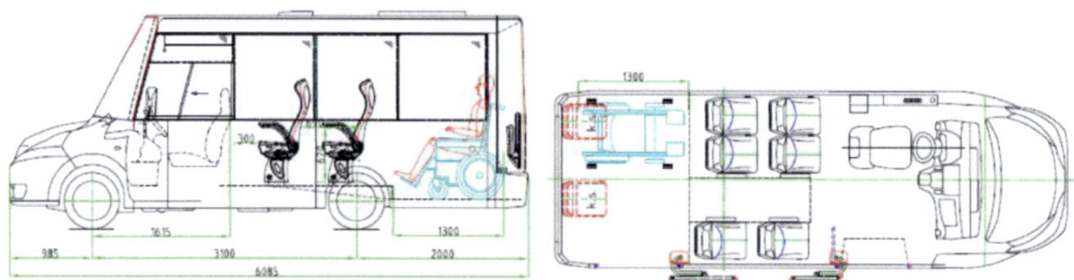

Abbildung 5-13: Skizzen zur Umrüstung eines Nissan e-NV200 zum e-Bürgerbus (Seitenansicht und Aufsicht) (Fotos: Fibe Bus GmbH)

Wie den Skizzen in Abbildung 5-13 entnommen werden kann, hat das Fahrzeug von außen nur noch wenig Ähnlichkeit mit dem Serienfahrzeug. Für die Realisierung der Niederflurigkeit wird ein Großteil der Karosserie ersetzt und im Kern bleibt der Motor (im vorderen Fahrzeugteil) sowie der Antriebsstrang samt Batterie (im Unterboden) erhalten. Bauartbedingt lässt dies eine Niederflurigkeit nur hinter der Heckachse zu. Das e-Fahrzeug verfügt über zwei Außenschwenktüren, sodass die vordere Tür durch weniger mobilitätseingeschränkte Fahrgäste genutzt werden kann und die hintere Tür für Rollstuhlfahrer und Nutzer von Rollatoren einen barrierefreien Einstieg ermöglicht.

6 Testbetrieb mit dem e-Fahrzeug

6.1 Vorgehen

6.1.1 Untersuchungskriterien

Der wissenschaftlich begleitete Testbetrieb in den Anwendungskommunen dient der Erfassung und Bewertung wesentlicher Auswirkungen auf den Bürgerbusbetrieb, die beim Einsatz eines e-Fahrzeugs entstehen. Den Schwerpunkt bildet dabei die Quantifizierung relevanter Einflussfaktoren auf Fahrzeugreichweite und Energieverbrauch, um daraus Empfehlungen für geeignete Einsatzbedingungen abzuleiten. Ein weiterer Teil besteht in einer Wirtschaftlichkeitsbetrachtung sowohl in Bezug auf den laufenden Bürgerbusbetrieb (z. B. Energieverbrauch, Fahrzeugunterhaltung) als auch hinsichtlich des Bürgerbuseinsatzes in der Kommune (z. B. Einbezug von Fahrzeugemissionen vor Ort). Die Erprobung eines konkreten Fahrzeugs im Realbetrieb ermöglicht zudem generelle Aussagen zu den Auswirkungen in anderen Bereichen (z. B. Akzeptanz durch das Fahrpersonal) sowie die Feststellung fahrzeugseitiger Verbesserungsmöglichkeiten bzw. des dahingehend erforderlichen Entwicklungsbedarfs.

Reichweite und Energieverbrauch werden von zahlreichen Faktoren beeinflusst. Dem eingesetzten Fahrzeug selbst (einschließlich Traktionsbatterie) kommt hierbei ein wesentlicher Einfluss zu (u. a. durch Leergewicht, Traktionsbatterie, Motor, Fahrzeugquerschnitt). Dieser wird im vorliegenden Projekt nicht untersucht, da genau ein e-Fahrzeug beschafft und erprobt wurde. Folgende Tabelle zeigt eine Übersicht der wichtigsten Einflussgrößen auf die Fahrzeugreichweite und kennzeichnet die im Testbetrieb untersuchten Einflussfaktoren (X):

Einflussgröße	Berücksichtigung im Projekt
Anzahl der Fahrgäste / Fahrzeugbeladung	X
Geschwindigkeitsprofil der Fahrt	X
Höhenprofil der Strecke	X
Witterung (Außentemperatur, Straßenzustand)	X
Alter der Traktionsbatterie	-
Rekuperation (Energierückgewinnung)	(-)
Nebenverbraucher im Fahrzeug	-
Reifenluftdruck	-

Tabelle 6-1:   Übersicht wesentlicher Einflussfaktoren auf Reichweite und Energieverbrauch eines e-Fahrzeugs

Auswirkungen durch das Altern der Traktionsbatterie wurden nicht untersucht, da im Rahmen des Projekts kein mehrjähriger Langzeittestbetrieb vorgesehen war. Bei dem im Testbetrieb eingesetzten Fahrzeugmodell Plantos erfolgt eine Energierückgewinnung im Brems- und Schubbetrieb. Die Höhe dieser Rekuperation ist vor allem abhängig von der Topographie der Strecke sowie von der Fahrweise (in Kombination mit dem Verkehrsgeschehen) während einer Fahrt. Beide Größen sind in einem anderen Einflussfaktor enthalten (Höhen- bzw. Geschwindigkeitsprofil), weshalb der Einfluss der Rekuperation dadurch indirekt bereits mit eingeht. Eine separate Betrachtung wurde nicht durchgeführt.

Die Nebenverbraucher mit der höchsten Auswirkung auf den Energieverbrauch sind gemäß [Rahimzei 2015] Heizung und Klimaanlage. Da das im Testbetrieb eingesetzte e-Fahrzeug über keine Klimaanlage verfügt und ausschließlich eine über einen separaten Dieseltank betriebene Standheizung vorhanden ist, werden die Effekte durch Nebenverbraucher im Fahrzeug als vernachlässigbar erachtet und dieser Einfluss nicht untersucht. Ähnliches gilt für den Reifenluftdruck, hier wird davon ausgegangen, dass dieser regelmäßig kontrolliert wurde und im Zeitraum des Testbetriebs annähernd konstant geblieben ist.

6.1.2 Einsatzplanung e-Fahrzeug

Auf Basis der Analyse des Ist-Zustands (siehe Kapitel 4) wurde die Einsatzplanung des e-Bürgerbusses in den Anwendungskommunen vorgenommen. Maßgeblich berücksichtigt wurden die Linienplanung (Kapitel 4.7), die Streckencharakteristik (Kapitel 4.8), die Fahrplanung (Kapitel 4.9) sowie das Fahrgastaufkommen (Kapitel 4.10). Vor dem Hintergrund der nach Fahrzeuglieferung verbleibenden Projektlaufzeit sowie einer als notwendig erachteten Mindesteinsatzdauer je Kommune von ca. 8 Wochen konnten zwei Anwendungskommunen für den Testbetrieb mit dem e-Bürgerbus berücksichtigt werden. Dabei wurde entschieden, dass jene Kommunen ausgewählt werden, die sich hinsichtlich der in diesem Absatz genannten Merkmale am meisten unterscheiden. Die folgende Tabelle 6-2 fasst die Kriterien und Ausprägungen dieser Kriterien für die Anwendungskommune Ebersbach (mit den höchsten Ausprägungen) und Salach (mit den geringsten Ausprägungen) zusammen.

Kommune	Betriebskilometer pro Tag	mittlere Neigung aller Steigungsabschnitte	Anzahl Fahrten pro Woche	Fahrgastaufkommen (2013)
Ebersbach	146 km	4,1 %	46	ca. 14.500
Salach	66 km	2,1 %	21	ca. 6.000

Tabelle 6-2: Kriterien für die Auswahl der Anwendungskommunen

Nach der Auslieferung des e-Bürgerbusses fiel die Wahl als erste Kommune auf Salach. So konnte auf Basis der Reichweitenangaben des Herstellers erwartet werden, dass bei einer hohen Fahrzeugverfügbarkeit die täglichen Linienumläufe ohne den

Einsatz des vorhandenen Bürgerbusses mit Verbrennungsmotor absolviert werden können.

Im Zuge der Einsatzplanung wurden darüber hinaus organisatorische Maßnahmen getroffen, um einen reibungslosen Einsatz des e-Bürgerbusses gewährleisten zu können. Dazu zählten beispielsweise die Planung eines zweiten Fahrzeugstellplatzes samt Installation der LIS. Darüber hinaus galt es im Bürgerbusverein Absprachen über die Vorgehensweise bei etwaigem Fahrzeugausfall zu treffen. Praktisch waren Fragen zu klären, wo Fahrzeugschlüssel deponiert werden, wer im Bedarfsfalle kontaktiert wird, ob ein zusätzlicher Fahrer auf Bedarf zur Verfügung stehen muss u. v. m.

6.1.3   Fahrerschulungen

Grundsätzlich gibt es beim Bürgerbus-Linienverkehr gemäß § 42 PBefG (Personenbeförderungsgesetz) Überwachungspflichten des Konzessionärs gemäß § 4 der Verordnung über den Betrieb von Kraftfahrunternehmen im Personenverkehr (BOKraft), die als Ausführungsbestimmung zum PBefG von dem Fahrpersonal der Bürgerbusse einzuhalten sind: „Hierzu sind (…) eine gründliche Fahrerschulung, Tarifschulung, Streckenkunde und auch eine Unterweisung in die Benutzung des Fahrzeugs notwendig." [Löcker et al. 2014] Durch den Einsatz des e-Bürgerbusses in Anwendungskommunen mit bereits existierenden Bürgerbusverkehren wurde der Fokus bei den Fahrerschulungen auf die Benutzung des e-Fahrzeugs gelegt.

Um ein Elektroauto zu fahren, bedarf es keiner besonderen Kenntnisse, die über das Fahren mit einem Verbrennerfahrzeug hinausgehen. Ohne Schaltgetriebe lassen sich e-Fahrzeuge wie Fahrzeuge mit Automatikgetriebe fahren. Elektrofahrzeuge fahren bei niedrigen Geschwindigkeiten nahezu geräuschlos und bieten auch aufgrund des zu 100% verfügbaren Drehmoments bei der Beschleunigung ein dynamisches Fahrgefühl.

Da der Fahrstil enormen Einfluss auf die Reichweite des Fahrzeugs hat, ist allerdings eine defensive Fahrweise angebracht. Daher ist eine entsprechende Unterweisung der Fahrer/-innen essentiell (vgl. [Martin et al. 2016]).

In jeder Anwendungskommune wurde zunächst eine Informationsveranstaltung mit den Fahrern durchgeführt, die eine allgemeine Einführung in die Elektromobilität, den e-Bürgerbus, das Ladekonzept, den Datenlogger und händisch zu führender Protokolle umfasste (siehe Abbildung 6-1).[13] Ferner wurden die Zusammenhänge der reichweitenbeeinflussenden Faktoren erläutert und auf das Fahrzeughandbuch verwiesen. Darin sind die wichtigsten Informationen zur Fahrzeughandhabung enthalten (z. B. Startvorgang, Ladevorgang, Informationen zum zusätzlichen Display, Nutzung des Datenloggers etc.). In den ca. zweistündigen Veranstaltungen wurde zudem viel Zeit für Fragen und Diskussion eingeplant.

Abbildung 6-1: Fahrerschulung in der Anwendungskommune Uhingen (Foto: Krams)

---

[13] Der e-Bürgerbus wurde in zwei Anwendungskommunen eingesetzt, ebenso der Hybridbürgerbus ELENA. Daher kam es in allen vier Anwendungskommunen zu den erwähnten Informationsveranstaltungen.

Im Projekt wurden in jeder Anwendungskommune praktische Fahrerschulungen auf der den Fahrern bekannten Linie durchgeführt, um den Einfluss des Fahrens auf unbekannter Strecke auf den Fahrstil minimieren zu können. Für die praktische Schulung wurden jeweils einstündige Zeiträume angeboten, für die sich maximal sechs Fahrer melden konnten. So wurde sichergestellt, dass nach einer kurzen Einweisung (siehe Abbildung 6-2) in das Fahrzeug und die Handhabung des Ladevorgangs jeder Fahrer mindestens fünf Minuten fahren konnte. Die Anwesenheit aller Fahrer während der Durchführung einer Schulungsfahrt hat sich als vorteilhaft erwiesen, da auf diese Art voneinander gelernt werden konnte. Auch konnten während der Fahrt Fragen gestellt werden, deren Beantwortung zu einem besseren Verständnis innerhalb der jeweiligen Gruppe geführt hat.

Abbildung 6-2:   Szene der praktischen Schulung in Ebersbach (Foto: Körner)

Der e-Bürgerbus hat sich bei den Schulungsfahrten als intuitiv bedienbar und alltagstauglich erwiesen. Dennoch ist das eigenständige Fahren unter Anleitung und ein Erleben der Elektromobilität durch die Fahrer unbedingt zu empfehlen. Positiv wahrgenommen wurde das bei e-Fahrzeugen mit Betätigen des Gaspedals sofort verfügbare maximale Drehmoment, das zu einer für diese Fahrzeuggröße ungewohnt abrupten Beschleunigung führt. Wichtig waren deshalb entsprechende Hinweise zu den Fahrstilen der Fahrer, da ein offensiver Fahrstil deutlich mehr Energie benötigt als ein defensiver Fahrstil (siehe Kapitel 6.2.4). So konnte während der Fahrt der Grundstein für eine energieeffiziente Fahrweise gelegt werden.

6.1.4   Datenerfassung

Die Quantifizierung der gemäß Abschnitt 6.1.1 im Projekt untersuchten Einflussfaktoren wird durch eine kontinuierliche Erfassung und Auswertung von Fahrzeugdaten während des Testbetriebs erreicht. Durch den Einsatz von einem robusten Tabletgerät (MoPad der Fa. Tonfunk), welches mit einer Saugnapfhalterung fest im Fahrzeug installiert wurde, konnten mithilfe des integrierten GPS-Empfängers u. a. folgende Daten für jede Fahrt kontinuierlich (1s-Intervall) aufgezeichnet werden:

- momentane Position in Lage und Höhe
- aktuelle Uhrzeit
- momentane Geschwindigkeit
- zurückgelegte Streckenlänge

Für die projektspezifische Anwendung wurde durch das VWI eine eigene Loggersoftware entwickelt, welche die fahrerseitige Eingabe von Beginn und Ende einer Fahrt durch einen einfachen Knopfdruck im Touch-Display ermöglicht:

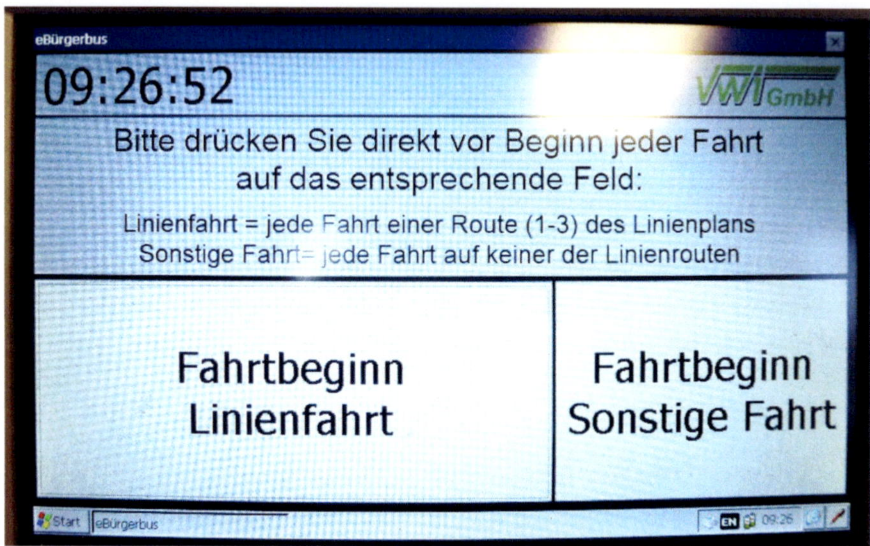

Abbildung 6-3:   Startbildschirm VWI-Datenlogger (Foto: Körner)

Dies erleichtert die exakte Zuordnung von Fahrten auf derselben Linienroute. Die Unterscheidung von Linienfahrten und sonstigen Fahrten ist ebenfalls für die anschließende Auswertung hilfreich. Im folgenden Fenster wird durch das Fahrpersonal noch der aktuelle witterungsbedingte Straßenzustand zum Beginn einer Fahrt erfasst. Beginn und Ende einer Abweichung von der regulären Linienroute gemäß Linienplan (z. B. aufgrund einer Baustelle oder eines Unfalls) können mittels Knopfdruck während der Fahrt ebenso durch das Fahrpersonal eingegeben werden.

Der Logger ermittelt weiterhin die Anzahl und Dauer der Haltevorgänge einer Fahrt. Für die automatisierte Identifikation eines Haltevorgangs wurde ein Grenzwert von 5 km/h angenommen. Fällt die momentane Geschwindigkeit des Fahrzeugs darunter, wird ein Halt registriert. Die Dauer des Halts ergibt sich aus der Anzahl der Messintervalle bis die momentane Geschwindigkeit wieder mindestens 5 km/h beträgt. Der Grenzwert wurde in dieser Höhe festgelegt, da vom GPS-Empfänger insbesondere im Tunnel oder innerhalb von Gebäuden (z. B. Garage) aufgrund Messungenauigkeiten durch einen eingeschränkten Satellitenempfang auch im Stand Geschwindigkeiten bis in dieser Größenordnung ausgegeben werden können.

Nach Abschluss jeder Fahrt wird durch die Loggersoftware sowohl ein Fahrtdatenprotokoll im gpx-Format zur Visualisierung der gefahrenen Strecke als auch im csv-Format für die weitere Auswertung generiert. Diese Protokolle enthalten für jede Fahrt auch weitere automatisiert ermittelte Kenngrößen wie z. B.:

- Gesamtdauer
- Gesamtdauer aller Haltevorgänge
- mittlere Fahrgeschwindigkeit
- mittlere Reisegeschwindigkeit
- summierter Höhenunterschied der Steigungsabschnitte
- mittlere Längsneigung aller Steigungsabschnitte

Entscheidender Messparameter zur Ermittlung der fahrtbezogenen Reichweite des e-Fahrzeugs ist der Ladezustand der Traktionsbatterie. Diese wird durch den vom Fahrzeughersteller eingebauten und konfigurierten CAN-Mini-Datenlogger II der Fa. Peter Systemtechnik GmbH kontinuierlich (1s-Intervall) neben weiteren Daten der Traktionsbatterie (z. B. momentane Batteriespannung und -stromstärke) aufgezeichnet. Aufgrund der erforderlichen Anpassung dieses Geräts auf die Erfordernisse im Testbetrieb in den ersten Testwochen in Salach wurde der Ladezustand zu Fahrtbeginn und -ende vom Fahrpersonal auch manuell auf Basis der im Fahrzeugdisplay angezeigten Werte dokumentiert. Da die Werte dort jedoch ohne Nachkommastelle angezeigt werden, reduziert sich die Genauigkeit im Vergleich zum Abgreifen der Daten vom CAN-Mini-Datenlogger, bei dem der Ladezustand mit einer Nachkommastelle genau erfasst wird.

6.1.5 Datenaufbereitung

Um die aufgezeichneten Daten des CAN-Mini-Datenloggers für die weitere Auswertung verwenden zu können, wurde ein Softwaretool programmiert, welche die im Hexadezimalformat codierten CAN-BUS-Daten konvertiert und aufbereitet. Da der CAN-Mini-Datenlogger kein Datum und keine absolute Uhrzeit erfasst, mussten dessen Daten mit den durch das MoPad (VWI-Datenlogger) geloggten Fahrten überlagert werden. Anhand des Geschwindigkeitsverlaufs sowie der Zeitdauer erfolgte dann manuell die Zuordnung zu der entsprechenden Fahrtdatei des MoPads. Die im Testbetrieb erfassten Rohdaten der beiden eingesetzten Logger konnten so anschließend in einer Datenbank zusammengeführt werden. Ein Datensatz enthält dort alle für eine Fahrt gemessenen oder berechneten Kennwerte.

Jeder Fahrt wurde zudem manuell eine Fahrtkennung zugewiesen, aus der sich

- die Strecke der Testfahrt (Linienbetrieb auf einer bestimmten Route einer Anwendungskommune sowie eigene Testfahrten der Universität Stuttgart)
- im Fall von Linienbetrieb die Art der Fahrt (Linien- oder Betriebsfahrt)
- und im Fall einer Linienfahrt die Vergleichbarkeit der Fahrt mit anderen Testfahrten auf derselben Linienroute (Fahrt ohne Abweichung von der Linienroute und Datenlogging korrekt durchgeführt vs. Fahrt mit Abweichung von der Linienroute oder nicht korrektem Datenlogging)

ableiten lassen. Die Vergleichbarkeit der Linienfahrten bezieht sich hierbei auf dieselbe zugrundeliegende Strecke innerhalb der jeweiligen Datensätze. Dies ist eine wichtige Voraussetzung, um bei der späteren Betrachtung von einzelnen Einflussfaktoren den Störeinfluss aufgrund abweichender Streckencharakteristika zu minimieren. Unterschiedliche Strecken bei Linienfahrten auf derselben Linienroute können sich zum einen aus realen Abweichungen von der regulären Linienroute gemäß Linienplan ergeben (z. B aufgrund einer Baustelle oder eines Unfalls, aber auch fahrerbedingt). Zum anderen können sie datensatzbezogen entstehen, wenn der Logvorgang einer Fahrt vom Fahrpersonal zu früh gestartet bzw. zu spät beendet wurde. Die Klassifizierung der Fahrten gemäß oben genanntem dritten Punkt erfolgte dabei in erster Linie durch die Prüfung auf fahrerseitige Eingaben im Logger sowie den Vergleich mit der Streckenlänge der regulären Linienroute. Bei auffallenden Abweichungen wurde die Strecke anhand der gpx-Streckendatei außerdem visuell geprüft.

6.1.6 Datenauswertung

Aus den erfassten Daten für jede Testfahrt wurden weitere fahrtbezogene Kenngrößen berechnet. Insbesondere die Fahrzeugreichweite sowie der Energieverbrauch nehmen dabei für die weitere Auswertung eine zentrale Rolle ein.

Die fahrtbezogene Reichweite wurde mittels einer linearen Hochrechnung auf Basis der zurückgelegten Streckenlänge einer Fahrt und der Differenz des Traktionsbatterieladezustands zwischen Fahrtbeginn und Fahrtende berechnet. Der Ladezustand zu diesen beiden Zeitpunkten wurde aus den Daten des CAN-Mini-Datenloggers entnommen und mit demselben Sicherheitszuschlag versehen, den der Fahrzeughersteller für die Anzeigewerte der Restreichweite im Fahrzeugdisplay verwendet. Bei Verwendung der reinen Loggerwerte ergäben sich sonst größere als die im Display angezeigten Reichweiten.

Der fahrtbezogene Energieverbrauch wurde auf Basis der Differenz des Ladezustands zwischen Fahrtbeginn und Fahrtende sowie der nutzbaren Gesamtenergie der Traktionsbatterie (Nennwert gemäß Fahrzeughersteller 38,8 kWh) ermittelt. Hierbei wurde der Sicherheitszuschlag in Bezug auf die Werte des Ladezustands nicht angewendet, da die Verbrauchswerte so realistisch wie möglich sein sollen. Der für die Betriebskosten relevante Energieverbrauch in Form des Stromverbrauchs zur Aufladung der Traktionsbatterie ist aufgrund der auftretenden Ladeverluste größer und wurde anhand des Stromzählers an der Ladestation für jeden Ladevorgang separat protokolliert. Der fahrtbezogene spezifische Energieverbrauch pro 100 Kilometer ergibt sich dann jeweils als Quotient von ermitteltem Energieverbrauch und der Streckenlänge einer Fahrt.

Zur Untersuchung der in Abschnitt 6.1.1 genannten Einflüsse auf die Fahrzeugreichweite und den spezifischen Energieverbrauch wurde im Rahmen der weiteren Auswertung wie folgt vorgegangen:

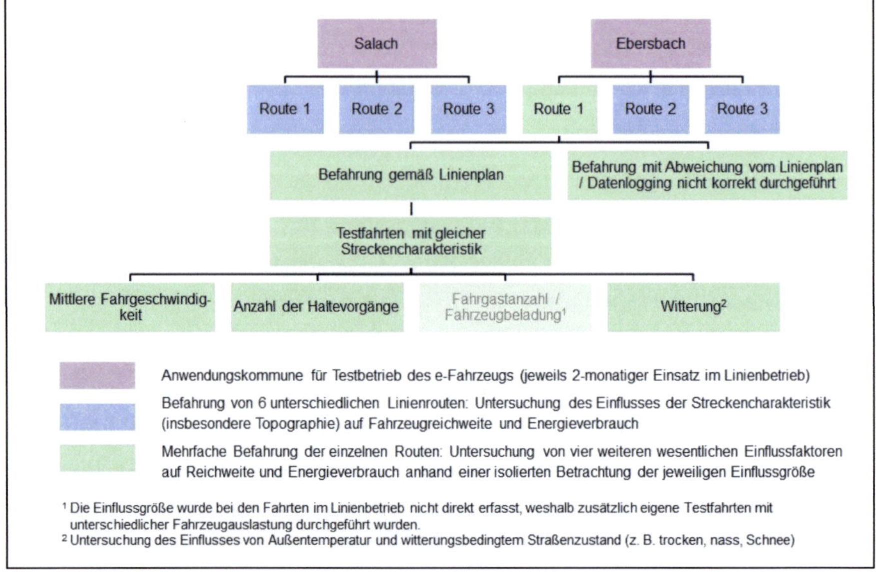

Abbildung 6-4:   Struktur der Datenauswertung

Die erfassten Testfahrten im Linienbetrieb wurden nach den sechs befahrenen Linienrouten (je 3 in Salach und Ebersbach) klassifiziert. In einem nächsten Schritt wurden für eine Linienroute nur die Fahrten betrachtet, die keine größere Abweichung von der regulären Linienroute (gemäß Linienplan) aufweisen und bei denen das Datenlogging durch das Fahrpersonal korrekt durchgeführt wurde. Für diese Fahrtdatensätze kann davon ausgegangen werden, dass die zugrundeliegende Streckencharakteristik weitestgehend gleich ist. Somit wird eine isolierte Betrachtung der vier abgebildeten Einflussfaktoren ermöglicht:

- mittlere Fahrgeschwindigkeit einer Fahrt
- Anzahl der Haltevorgänge einer Fahrt
- Anzahl der Fahrgäste während einer Fahrt
- Witterung während einer Fahrt (Außentemperatur und Straßenzustand)

Die Anzahl der Fahrgäste wurde im Linienbetrieb in den beiden Anwendungskommunen nicht direkt erfasst, weshalb zusätzlich eigene Testfahrten auf einer bürgerbustypischen Strecke in Stuttgart-Steinhaldenfeld mit unterschiedlicher Fahrzeugauslastung durchgeführt wurden. Für eine isolierte Betrachtung der anderen Einflussgrößen bei Auswertung der Fahrten im Linienbetrieb konnten hilfsweise die Anzahl der Halte und die Gesamthaltedauer einer Fahrt herangezogen werden. Befinden sich diese Werte im unteren Bereich des während des Testbetriebs erfassten Spektrums kann mit höherer Wahrscheinlichkeit von keinen oder zumindest einer sehr geringen Zahl an Fahrgästen ausgegangen werden.

Der Einfluss der Witterung ergibt sich vor allem durch die Außentemperatur und den Straßenzustand während einer Fahrt. Der witterungsbedingte Straßenzustand zu Fahrtbeginn (z. B. trocken, nass, Schnee) wurde für jede Fahrt durch das Fahrpersonal erfasst (vgl. Abschnitt 6.1.4). Aufgrund der geringen Anzahl an Fahrten im Testbetriebszeitraum in Salach und Ebersbach (Juni bis September 2016), die nicht bei trockenem Straßenzustand stattgefunden haben, wurde dessen Einfluss jedoch nicht untersucht. Zur isolierten Betrachtung der anderen oben genannten Einflussgrößen wurde der Straßenzustand jedoch als Kriterium herangezogen (jeweils immer Betrachtung der Fahrten bei trockenem Straßenzustand). Der Einfluss der Außentemperatur wurde zwar untersucht, die Ergebnisse sind aufgrund der geringen Fahrtenanzahl innerhalb der Wintermonate jedoch nur eingeschränkt belastbar.

Die Befahrung von sechs unterschiedlichen Linienrouten während des Testbetriebszeitraums ermöglicht zudem die Untersuchung des Einflusses der Streckencharakteristik auf Fahrzeugreichweite und spezifischen Energieverbrauch. Hierbei wurde im Projekt insbesondere der Einfluss der mittleren Längsneigung aller Steigungsabschnitte auf einer Linienroute als maßgeblicher Kennwert für das Höhenprofil einer Strecke untersucht.

6.2   Ergebnisse

6.2.1   Generelle Erkenntnisse

Der Testbetrieb des e-Bürgerbusses, darunter insbesondere der viermonatige Einsatz im realen Linienbetrieb in den zwei Anwendungskommunen Salach und Ebersbach verlief insgesamt sehr erfolgreich.

In Salach kam das Fahrzeug an 30 Tagen zum Einsatz. Die gemäß Fahr- und Linienplan vormittags und nachmittags vorgesehenen Betriebskilometer (jeweils ca. 40

km) konnten mit einer Zwischenladung in der Einsatzpause mittags (Dauer ca. 2 h) problemlos bewältigt werden.

In Ebersbach ergaben sich insgesamt 51 Einsatztage, wobei ein Einsatz am Nachmittag fahrerabhängig nur gelegentlich erfolgte. Die vorgesehene Betriebsstrecke vormittags (ca. 80 km) wurde ebenfalls ohne Probleme bewältigt. Bei der Zwischenladung in der Einsatzpause mittags (Dauer ca. 2 h) wurde als maximaler Ladezustand der Traktionsbatterie rund 80 % erreicht. Bei günstigen Bedingungen und sparsamer Fahrweise war auch die komplette Bewältigung des Nachmittagsbetriebs (ca. 65 km) möglich.

Der e-Bürgerbus erwies sich im Testbetrieb als praxistauglich, insbesondere wenn die täglichen Betriebskilometer geringer oder etwa gleich der nach NEFZ angegebenen Reichweite des Fahrzeugs waren (siehe Kapitel 6.2.3). Durch Zwischenladungen in den ohnehin vorgesehenen Pausen am Mittag war sichergestellt, dass keine Fahrzeugausfälle aufgrund mangelnder Restkapazität der Traktionsbatterie zu befürchten sind.

Dennoch kann die Fahrzeugverfügbarkeit durch etwaig notwendige Werkstattaufenthalte eingeschränkt sein. Durch das Vorhandensein eines Bürgerbusses mit Verbrennungsmotor je Bürgerbusverein wurde jedoch das Risiko der Unfähigkeit der Bedienung der Linie ausgeschlossen.

Zu unterscheiden sind geplante und ungeplante Werkstattaufenthalte. Kleinere Schäden, die nicht im Zusammenhang mit dem Elektroantrieb stehen, konnten geplant und zu einem späteren Zeitpunkt behoben werden (z. B. kleinere Defekte an Außenspiegeln oder der automatischen Trittstufe). Größere Schäden, die zu Lasten der Betriebs- und Verkehrssicherheit gehen, müssen ad hoc behoben werden.

Ein wiederkehrendes Problem im Zusammenhang mit der Antriebstechnologie zeigte sich an vier Tagen während des Testbetriebs. An diesen sommerlichen Tagen mit Außentemperaturen höher als 30° Celsius kam es zu einer überhitzungsbedingten Leistungsreduktion der Traktionsbatterie, um etwaigen Schäden an der Batterie vorzubeugen. Das e-Fahrzeug ließ sich dann nur noch in Schrittgeschwindigkeit fahren. Als dieses Problem zum ersten Mal auftrat und noch unbekannt war, musste ein Serviceteam des Herstellers das Fahrzeug begutachten und die Leistungselektronik auslesen. Durch eine Ruhephase des Fahrzeugs zum Abkühlen der Traktionsbatterie konnte der e-Bürgerbus wieder ohne bleibende Schäden während der Projektlaufzeit eingesetzt werden. Diesbezüglich bietet sich aber noch ein Verbesserungspotential, um den e-Bürgerbus verbindlich im konzessionierten Linienverkehr betreiben zu können.

Darüber hinaus führte der wechselnde Einsatz unterschiedlicher Fahrer, die in verschiedenen Intervallen das e-Fahrzeug steuerten, zu einzelnen Bedienfehlern. So traten Probleme bei der Nutzung der LIS bzw. der Verwendung des Ladekabels auf, das Starten des e-Bürgerbusses bereitete einzelnen Fahrern Probleme und die Nutzung des Datenloggers wurde nicht stringent von allen Fahrern durchgeführt (siehe Kapitel 6.2.2). Durch Sichten des Bordhandbuchs oder kurze Rücksprache mit dem Verantwortlichen im Bürgerbusverein konnten solche Probleme allerdings schnell gelöst werden.

Um jenen Bedienfehlern vorzubeugen, könnten neben der theoretischen und praktischen Schulung auch kurze Auffrischungstermine angeboten werden, die es interessierten Fahrern, die selten fahren, ermöglicht, unter Aufsicht den e-Bürgerbus und seine Bedienelemente zu testen.

6.2.2 Resultierende Datenbasis

Der im Rahmen des Projekts durchgeführte Testbetrieb fand von Juni bis Dezember 2016 statt und wurde zweigeteilt durchgeführt:

1. Juni bis September 2016: Realer Bürgerbusbetrieb im Linienverkehr in den Anwendungskommunen Salach und Ebersbach (jeweils rund 2 Monate)

2. Oktober bis Dezember 2016: Ergänzende Testfahrten zur gezielten Ermittlung wichtiger Einflussfaktoren auf Fahrzeugreichweite und Energieverbrauch sowie vermehrt Fahrzeugeinsätze aufgrund Öffentlichkeitsarbeit

Dabei setzte sich der 2. Teil in Bezug auf die Testfahrten wie folgt zusammen (hinsichtlich Öffentlichkeitsarbeit siehe Abschnitt 2):

- Ergänzende Testfahrten durch die Universität Stuttgart zur Erprobung weiterer Bürgerbusrouten (Wendlingen, 14.-28.11.2016)

- Ergänzende Testfahrten durch die Universität Stuttgart zur gezielten Ermittlung der Einflüsse der Fahrgastanzahl und der Anzahl der Haltevorgänge einer Fahrt auf die Fahrzeugreichweite (Teststrecke Stuttgart-Steinhaldenfeld, 13.-14.10.2016)
- Ergänzende Testfahrten im Bürgerbuslinienverkehr in der Anwendungskommune Ebersbach zur Ermittlung des Einflusses der Außentemperatur auf die Fahrzeugreichweite (8.-10.12.2016)

Realbetrieb im Linienverkehr

Die Testfahrten im Linienbetrieb wurden nach den sechs befahrenen Linienrouten (je 3 in Salach und Ebersbach) klassifiziert. Dabei werden die Fahrten separat berücksichtigt, die eine größere Abweichung von der regulären Linienroute (gemäß Linienplan) aufweisen oder bei denen das Datenlogging durch das Fahrpersonal nicht korrekt durchgeführt wurde. Für die verbleibenden Fahrten wird davon ausgegangen, dass die zugrundeliegende Streckencharakteristik weitestgehend gleich ist. Die folgende Übersicht zeigt die so entstandene Datenbasis von insgesamt 1.011 Fahrten, welche als wesentliche Grundlage für die folgenden Ergebnisse dient:

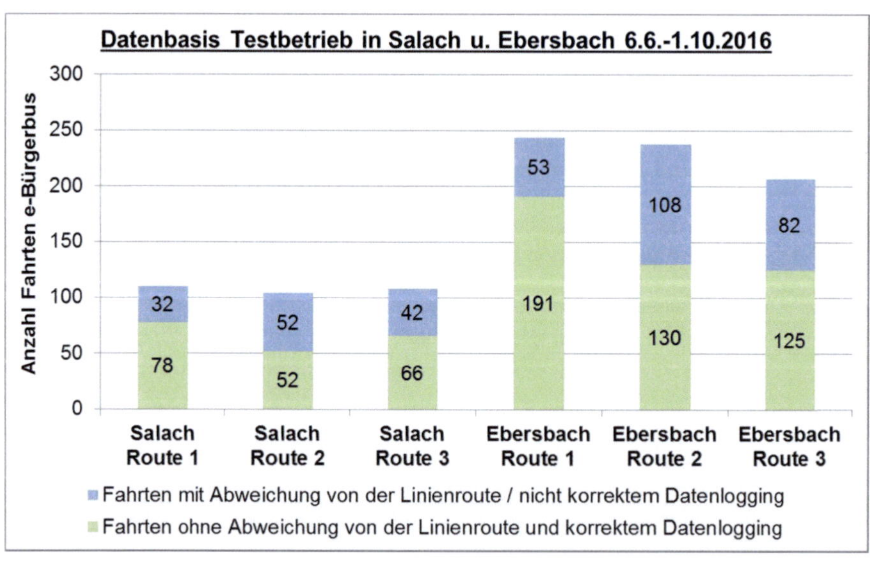

Abbildung 6-5:   Datenbasis Realbetrieb im Linienverkehr

Die geringere Anzahl der in Salach erfassten Fahrten beruht vorwiegend auf dem deutlich geringeren Bedienungsangebot gegenüber Ebersbach (5 statt 6 Bedientage pro Woche, davon 2 statt 4 mit Vormittags- und Nachmittagsbetrieb, sowie mindestens ein Linienumlauf weniger pro Vormittags- bzw. Nachmittagsbetrieb).

Der Anteil der Fahrten mit Abweichung von der Linienroute oder nicht korrekt durchgeführtem Datenlogging seitens des Fahrpersonals (blau dargestellte Fahrten) liegt je nach Route zwischen 22 und 50 %. Bezogen auf alle Linienroutenfahrten in einer Anwendungskommune ergibt sich für Salach ein entsprechender Wert von 39 % und für Ebersbach ein Wert von 35 %. Grund hierfür ist in Ebersbach vor allem eine baustellenbedingte Abweichung von der Linienführung auf zwei Routen im Monat September. In Salach ergibt sich der hohe Anteil dieser Fahrten in ähnlichem Maße aus Abweichungen von der vorgegebenen Linienführung und aus den nicht korrekt durchgeführten Logvorgängen (Logvorgang einer Fahrt vom Fahrpersonal zu früh gestartet bzw. zu spät beendet).

Aufgrund der erforderlichen Anpassung des vom Fahrzeughersteller eingebauten Batteriedatenloggers auf die Erfordernisse im Testbetrieb in den ersten Testwochen in Salach wurde der Ladezustand zu Fahrtbeginn und -ende in diesem Zeitraum nur manuell auf Basis der im Fahrzeugdisplay angezeigten Werte dokumentiert. Der bestehende Genauigkeitsunterschied (siehe Abschnitt 6.1.4) wirkt sich insbesondere bei kurzen Fahrtstrecken zum Teil erheblich auf die daraus berechneten Größen wie Fahrzeugreichweite und Energieverbrauch aus. Daher wurden diese Fahrten hinsichtlich der Auswertung der Batteriedaten nicht berücksichtigt, weshalb sich diesbezüglich die in Abbildung 6-5 für Salach dargestellte Datenbasis ca. um die Hälfte reduziert. Insgesamt ergeben sich dann 868 Fahrten für den Teil der Auswertung mit Relevanz für Reichweite und Energieverbrauch, davon sind 552 Fahrten ohne Abweichung von der Linienroute und korrektem Datenlogging. Diese 552 Fahrten bilden die Datengrundlage für die Ergebnisse der folgenden vier Abschnitte 6.2.3 bis 6.2.6.

Ergänzende Testfahrten zur gezielten Ermittlung wichtiger Einflussfaktoren auf Fahrzeugreichweite und Energieverbrauch

Insgesamt wurden durch die Universität Stuttgart 140 Testfahrten auf den vier Bürgerbusrouten in Wendlingen durchgeführt, bei denen dem vorhandenen Bürgerbus während seines Linieneinsatzes nachgefahren wurde. 137 dieser Fahrten erfolgten ohne Abweichung von der Linienroute und mit korrektem Datenlogging.

Insgesamt 38 weitere Testfahrten wurden durch die Universität Stuttgart auf einer bürgerbustypischen Strecke in Stuttgart-Steinhaldenfeld realisiert. 18 Fahrten davon bilden die Datengrundlage in Abschnitt 6.2.8 zur gezielten Untersuchung des Einflusses der Fahrgastanzahl auf Fahrzeugreichweite und spezifischen Energieverbrauch. 20 Testfahrten dienten der vertieften Untersuchung des Einflussfaktors Anzahl an Haltevorgängen (siehe hierzu Abschnitt 6.2.5).

Abbildung 6-6:   Streckenverlauf Testfahrten Stuttgart-Steinhaldenfeld
(Kartengrundlage: OSM)

56 ergänzende Testfahrten wurden im realen Linienbetrieb in der Anwendungskommune Ebersbach zur Ermittlung des Einflusses der Außentemperatur auf Fahrzeugreichweite und spezifischen Energieverbrauch durchgeführt. 48 dieser Fahrten erfolgten ohne Abweichung von der Linienroute und mit korrektem Datenlogging. Der ursprünglich dafür vorgesehene Testzeitraum reduzierte sich aufgrund eines La-

deproblems und der damit verbundenen Fahrzeugwartung von sechs auf drei Tage. Die Fahrten bilden insbesondere die Datengrundlage für die Untersuchung in Abschnitt 6.2.7 (Einfluss der Witterung).

6.2.3 Energieverbrauch und Reichweite des e-Fahrzeugs

Für die im Linienbetrieb in Salach und Ebersbach auf sechs verschiedenen Linienrouten erfassten Fahrten wurden die fahrtbezogen hochgerechnete Reichweite und der fahrtbezogene spezifische Energieverbrauch pro 100 km gemäß dem in Abschnitt 6.1.6 beschriebenen Vorgehen ermittelt. Auf Grundlage der Datenbasis von insgesamt 552 Fahrten ohne Abweichung von der Linienroute und korrektem Datenlogging ergibt sich das in Abbildung 6-7 und Abbildung 6-8 dargestellte Wertespektrum je Linienroute.

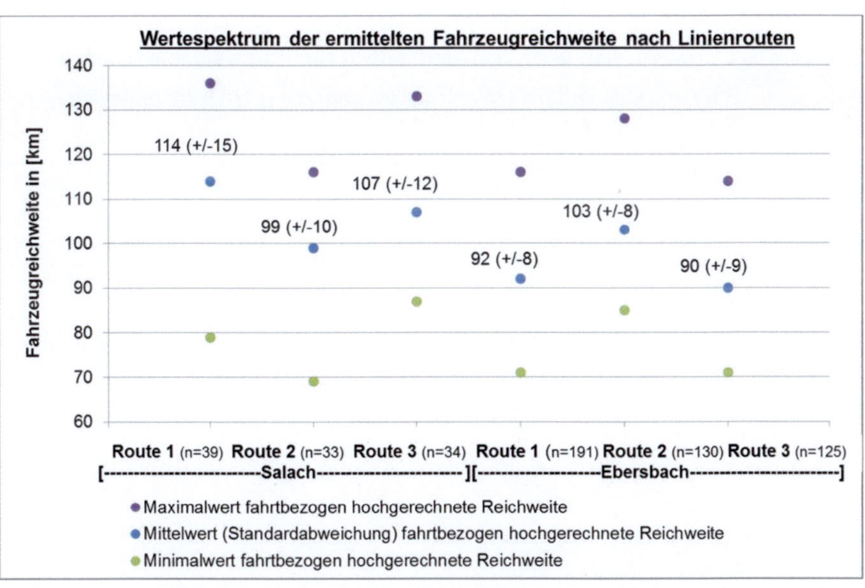

Abbildung 6-7: Wertespektrum Fahrzeugreichweite (Realbetrieb im Linienverkehr)

Die je Linienroute resultierende mittlere Reichweite einer Fahrt bewegt sich zwischen 90 und 114 km. Die Nennreichweite des Fahrzeugs beträgt 120 km, die ermittelten

Werte liegen folglich bis zu 25 % unterhalb davon. Für die Unterschiede innerhalb einer Anwendungskommune ist als Ursache vor allem von der anders gearteten Streckencharakteristik der Routen (u. a. Topographie, Straßentypen, Knotenpunkte, Haltestellen) auszugehen. Aber auch generelle Unterschiede in der Verkehrsnachfrage auf den einzelnen Routen sind denkbar und können sich in Form unterschiedlicher Fahrgastzahlen auf das Fahrzeuggewicht und damit die Fahrzeugreichweite auswirken. Auch die Anzahl von Haltevorgängen an Haltestellen kann dadurch routenweise variieren und so die Reichweite beeinflussen. Unterschiede im jeweiligen Fahrerkollektiv der Anwendungskommunen kommen als weitere mögliche Ursache hinzu, wenn die Werte von Salach und Ebersbach miteinander verglichen werden.

Die insgesamt niedrigste Reichweite einer Fahrt beträgt 69 km (Salach, Route 2), der höchste Wert beläuft sich auf 136 km (Salach, Route 1). Die Differenz zwischen ermittelter maximaler und minimaler Reichweite befindet sich je nach Linienroute im Bereich von 43 km (Ebersbach, Routen 2 und 3) bis 57 km (Salach, Route 1). Die Bandbreite in Ebersbach ist bei allen Routen geringer als im Fall der drei Routen in Salach. Dies spiegelt sich auch bei den ermittelten Standardabweichungen der Reichweite wider, die sich je nach Linienroute zwischen 8 und 15 km bewegen.

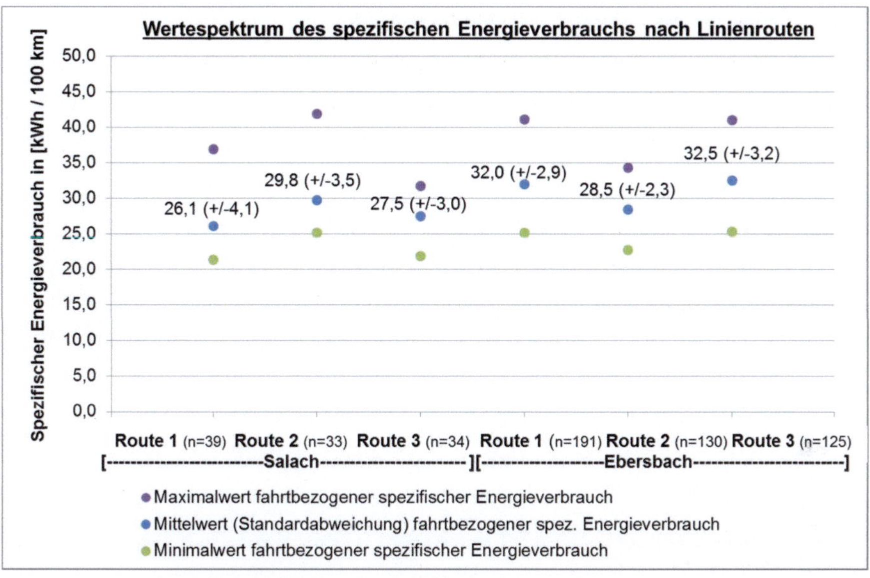

Abbildung 6-8: Wertespektrum spezifischer Energieverbrauch (Realbetrieb im Linienverkehr)

Der je Linienroute resultierende mittlere spezifische Energieverbrauch einer Fahrt bewegt sich zwischen 26 und 33 kWh pro 100 km (bei Aufladung der Traktionsbatterie auftretende Ladeverluste sind in diesen Werten nicht enthalten). Der Nennwert des Fahrzeugs beträgt 35,5 kWh pro 100 km, die ermittelten Werte liegen folglich bis zu 26 % unterhalb davon. Dies ist auffällig, da in Bezug auf die oben durchgeführte Reichweitenbetrachtung ein umgekehrtes Ergebnis zu erwarten wäre, denn die fahrtbezogen berechneten Werte für Reichweite und spezifischen Energieverbrauch hängen umgekehrt proportional voneinander ab. Der Grund hierfür kann in der Berechnungsmethodik liegen, da der Sicherheitszuschlag für die Ladezustandswerte des Batteriedatenloggers nur zur Berechnung der Reichweite aber nicht des spezifischen Energieverbrauchs herangezogen wird (siehe Abschnitt 6.1.6).

Der insgesamt niedrigste spezifische Energieverbrauch einer Fahrt beträgt 21,4 kWh pro 100 km (Salach, Route 1), der höchste Wert beläuft sich auf 41,9 kWh pro 100 km (Salach, Route 2). Die ermittelten Standardabweichungen bewegen sich sich je nach Linienroute zwischen 2 und 4 kWh pro 100 km.

6.2.4 Einfluss der mittleren Fahrgeschwindigkeit

Die mittlere Fahrgeschwindigkeit wurde neben der Anzahl der Haltevorgänge als Kenngröße ausgewählt, um (vereinfachend) den Einfluss des Geschwindigkeitsprofils einer Fahrt auf Fahrzeugreichweite und spezifischen Energieverbrauch zu analysieren. Um parallel wirkende Einflüsse weitestgehend ausschließen zu können, werden ausschließlich Gruppen von Fahrten

- auf derselben Linienroute,
- ohne Abweichung von der Linienstrecke gemäß Linienplan,
- bei Temperaturen deutlich über 0° sowie trockenem Straßenzustand und
- mit derselben Anzahl an Haltevorgängen

untersucht. Da die Anzahl der Fahrgäste im Linienbetrieb nicht erfasst wurde, konnten hilfsweise nur die Anzahl der Halte und die Gesamthaltedauer einer Fahrt herangezogen werden, um den gleichzeitig wirkenden Einfluss aufgrund eines unterschiedlichen Fahrzeuggewichtes zu minimieren. Daher wurden vor allem die Gruppen von Fahrten mit der geringsten Anzahl an Haltevorgängen betrachtet, da hier (auch mit Blick auf die dazugehörigen Gesamthaltedauern) mit höherer Wahrscheinlichkeit von keinen oder zumindest einer sehr geringen Zahl an Fahrgästen ausgegangen werden kann.

Unter Berücksichtigung dieses Vorgehens wird die mittlere Fahrgeschwindigkeit neben dem (zufallsbeeinflussten) Verkehrsgeschehen vor allem von der Fahrweise der Fahrerinnen und Fahrer beeinflusst. Eine höhere mittlere Fahrgeschwindigkeit (Haltezeiten gehen nicht in diesen Wert ein) ergibt sich zum einen durch das Fahren mit stark variierenden Geschwindigkeiten insgesamt sowie zum anderen durch stärkere Brems- und/oder Beschleunigungsmanöver, um eine bestimmte Geschwindigkeit zu erreichen.

Die folgende Abbildung zeigt am Beispiel der Linienroute 3 in Salach den ermittelten Einfluss der mittleren Fahrgeschwindigkeit für die Fahrten mit drei Haltevorgängen:

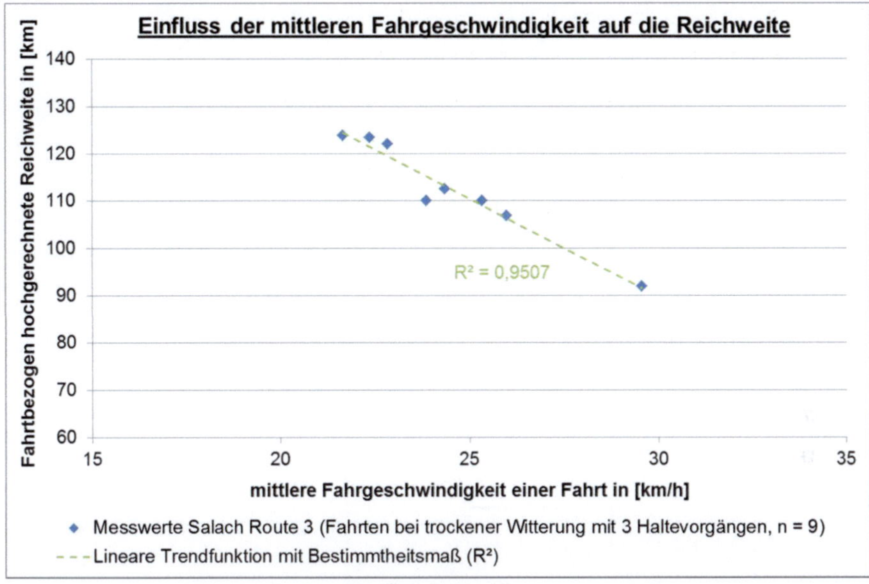

Abbildung 6-9:   Einfluss der mittleren Fahrgeschwindigkeit auf die Reichweite am Beispiel der Route 3 in Salach

Für den dargestellten Bereich kann demnach annähernd von einem linearen Zusammenhang ausgegangen werden. Das Bestimmtheitsmaß von ca. 0,95 zeigt, dass sich rund 95 % der Variation der abhängigen Größe (Fahrzeugreichweite) durch die mittlere Fahrgeschwindigkeit erklären lassen. Der lineare Zusammenhang für den jeweils beobachteten Wertebereich der mittleren Fahrgeschwindigkeit konnte in ähnlicher Weise auch bei den anderen untersuchten fünf Linienrouten festgestellt werden, wenn zum Teil auch mit einem deutlich geringeren Bestimmtheitsmaß (siehe Tabelle 6-3). Dies liegt zum einen an der Wirkung von Ausreißern, die bei den zugrundeliegenden Stichprobengrößen relativ hoch ausfallen kann. Zum anderen zeigt es, dass nicht alle gleichzeitig wirkenden Einflussfaktoren eliminiert werden konnten. Tabelle 6-3 fasst die Ergebnisse für die sechs untersuchten Linienrouten zusammen:

	Salach			Ebersbach			An-halts-wert
	Route 1	Route 2	Route 3	Route 1	Route 2	Route 3	
Größe der Stichprobe (Anzahl Messwerte)	5	8	9	14	6	8	-
Anzahl der Halte je Fahrt	3	5	3	6	4	5	-
Bereich mittlere Fahrgeschwindigkeit [km/h]	27-30	18-25	22-30	23-29	27-33	23-29	-
Bestimmtheitsmaß für Fahrzeugreichweite	0,62	0,90	0,95	0,63	0,73	0,74	-
Bestimmtheitsmaß für Verbrauch je 100 km	0,58	0,88	0,96	0,69	0,76	0,77	-
Anstieg m (y = mx + n) Fahrzeugreichweite	-4,1	-4,4	-4,2	-5,0	-4,4	-4,5	**-4,4**
Anstieg m (y = mx + n) Verbrauch je 100 km	0,8	1,3	1,0	1,8	1,1	1,7	**1,3**

Tabelle 6-3:   Einfluss der mittleren Fahrgeschwindigkeit auf Reichweite und spezifischen Energieverbrauch

Die ermittelten Bestimmtheitsmaße reichen demnach von 0,58 bis 0,96, wobei die jeweils für Reichweite und spezifischen Energieverbrauch separat berechneten Werte nur geringfügig voneinander abweichen, da beide Größen umgekehrt proportional voneinander abhängig sind. Für den untersuchten linearen Zusammenhang zwischen Reichweite und mittlerer Fahrgeschwindigkeit resultieren Werte von -5 bis -4 für den Anstieg der zugrundeliegenden Gerade. Im Mittel ergibt sich -4,4. Dieser Wert kann als ungefährer Anhaltspunkt für die Wirkung des Einflussfaktors dienen. Für den untersuchten linearen Zusammenhang zwischen dem Energieverbrauch je 100 Kilometer und der mittleren Fahrgeschwindigkeit resultieren Werte von 0,8 bis 1,8 für den jeweiligen Anstieg der Geraden. Im Mittel ergibt sich 1,3 als Anhaltspunkt für die Wirkung der mittleren Fahrgeschwindigkeit auf den spezifischen Energieverbrauch.

Der unterstellte lineare Zusammenhang gilt vereinfachend aber nur für den im Testbetrieb in Salach und Ebersbach beobachteten Wertebereich der mittleren Fahrgeschwindigkeit, der sich bei Ansatz des 5 %- bzw. 95 %-Quantils von 22 bis 30 km/h erstreckt. Bei Betrachtung eines größeren Geschwindigkeitsspektrums ergibt sich für das erprobte e-Fahrzeug folgender grundsätzlicher qualitativer Zusammenhang zwischen spezifischem Energieverbrauch und der (jeweils während einer Fahrt als konstant angenommenen) Fahrgeschwindigkeit:

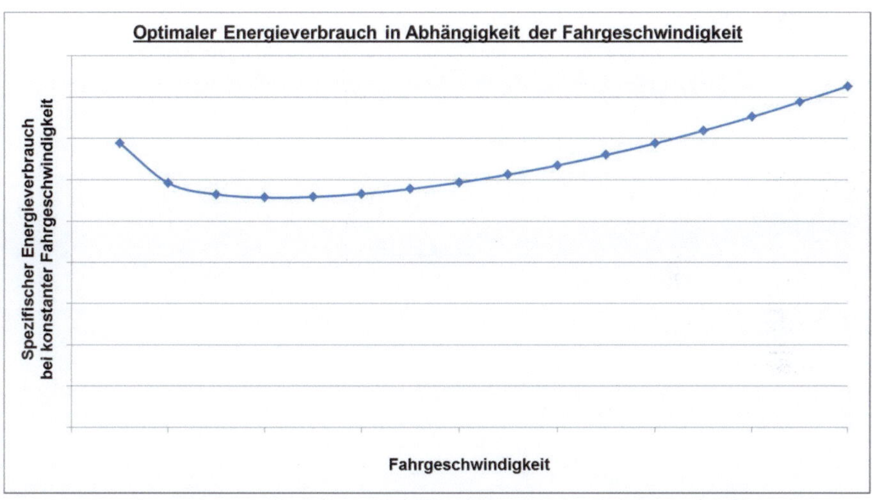

Abbildung 6-10: Zusammenhang zwischen spezifischem Energieverbrauch und Fahrgeschwindigkeit (qualitative Darstellung für den Plantos)

Die Lage des optimalen Energieverbrauchs und somit der höchsten Reichweite ist vor allem von der erforderlichen Leistung während einer Fahrt für Hilfsbetriebe und aktive Nebenverbraucher im Fahrzeug abhängig. Bei konstant erforderlichen 0,5 kW befindet sich der niedrigste spezifische Energieverbrauch im Bereich von 20 km/h. Bei einer Erhöhung dieses Leistungsbedarfes verschiebt sich das Minimum in Abbildung 6-10 nach rechts. Würde sich dieser Leistungsbedarf (z. B. durch den dauerhaften Einsatz einer durch die Traktionsbatterie gespeisten Heizung[14]) auf 4,5 kW erhöhen, läge das Minimum im Bereich von 45 km/h. Die Höhe der Energieverbrauchswerte der Kurve hängen neben dem gerade genannten Leistungsbedarf von verschiedenen Parametern ab, die den Fahrwiderstand beeinflussen. Dies sind in maßgeblicher Weise z. B. die Steigung der zu fahrenden Strecke sowie die Anzahl der Fahrgäste bzw. die Fahrzeugbeladung.

Die Ergebnisse aus dem Testbetrieb in Salach und Ebersbach deuten für die mittlere Fahrgeschwindigkeit einer Fahrt auf einen Bereich von 20 bis 25 km/h hin, bei welchem sich die niedrigsten spezifischen Energieverbrauchswerte erzielen lassen. Als Beispiel dafür sind in Abbildung 6-11 die Werte von Ebersbach (Route 1) dargestellt:

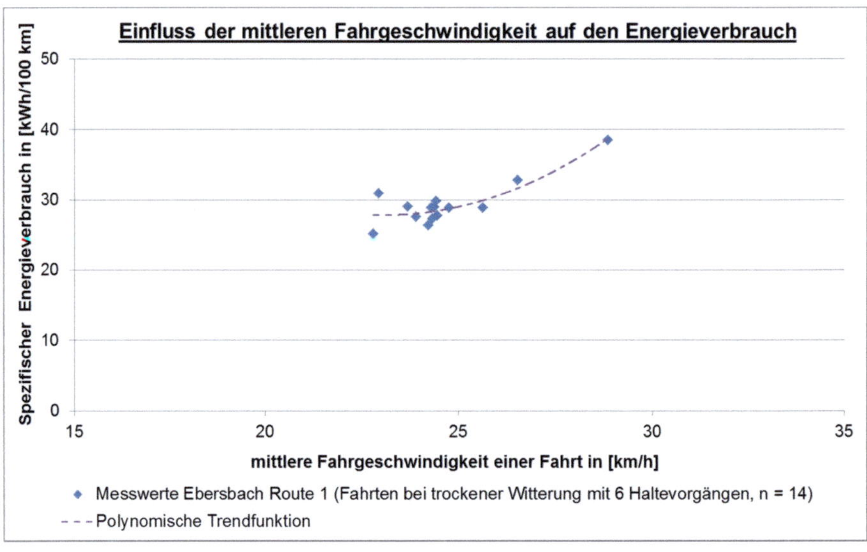

Abbildung 6-11: Einfluss der mittleren Fahrgeschwindigkeit auf den spezifischen Energieverbrauch am Beispiel der Route 1 in Ebersbach

Werte unter 22 km/h sind während des Testbetriebs nur äußerst selten aufgetreten, so dass anhand der Messwerte der Verlauf in diesem Bereich der mittleren Fahrge-

---

[14] Beim im Testbetrieb eingesetzten Fahrzeug (Plantos) nicht vorhanden.

schwindigkeit nicht näher untersucht werden konnte. Bei einem niedrigen Leistungsbedarf für aktive Nebenverbraucher im Fahrzeug ist auf Grundlage von Abbildung 6-10 jedoch von einem wieder steigenden spezifischen Energieverbrauch auszugehen.

6.2.5   Einfluss der Anzahl an Haltevorgängen

Als zweite Kenngröße neben der mittleren Fahrgeschwindigkeit wird die Anzahl der Haltevorgänge betrachtet, um den Einfluss des Geschwindigkeitsprofils einer Fahrt auf Fahrzeugreichweite und spezifischen Energieverbrauch zu analysieren. Um gleichzeitig wirkende Einflüsse weitestgehend ausschließen zu können, werden ausschließlich Gruppen von Fahrten

- auf derselben Linienroute,
- ohne Abweichung von der Linienstrecke gemäß Linienplan,
- bei Temperaturen deutlich über 0° sowie trockenem Straßenzustand

untersucht. Um den parallelen Einfluss der mittleren Fahrgeschwindigkeit gering zu halten, reicht es nicht Gruppen von Fahrten mit ähnlichen mittleren Fahrgeschwindigkeiten zu betrachten, da sich die Anzahl an Haltevorgängen direkt auf die mittlere Fahrgeschwindigkeit einer Fahrt auswirkt[15]. Daher wurden innerhalb der oben genannten Fahrtgruppen Klassen für alle Fahrten mit einer bestimmten Anzahl an Haltevorgängen gebildet. Für jede Klasse mit mehr als 5 Fahrten erfolgte anschließend die Berechnung der Mittelwerte für Reichweite und Energieverbrauch anhand der fahrtbezogenen Einzelwerte der in der Klasse enthaltenen Fahrten. Aufgrund der insgesamt deutlich geringeren Fahrtenanzahl in Salach (vgl. Abschnitt 6.2.2) wurden dort bereits Klassen mit mehr als 3 Fahrten in die Betrachtung einbezogen. Nachfolgend ist am Beispiel der Linienroute 2 in Ebersbach der ermittelte Einfluss auf die Fahrzeugreichweite abgebildet.

---

[15] Bei ansonsten gleichbleibendem Geschwindigkeitsprofil ergibt sich bei zunehmender Anzahl an Haltevorgängen eine Reduktion der mittleren Fahrgeschwindigkeit. In der Realität wird dann aber häufig schneller gefahren, um z. B. den Fahrplan einzuhalten, was dieser Reduktion wiederum entgegen wirkt. Dieser Effekt kann sich bei verlängerten Haltedauern noch verstärken.

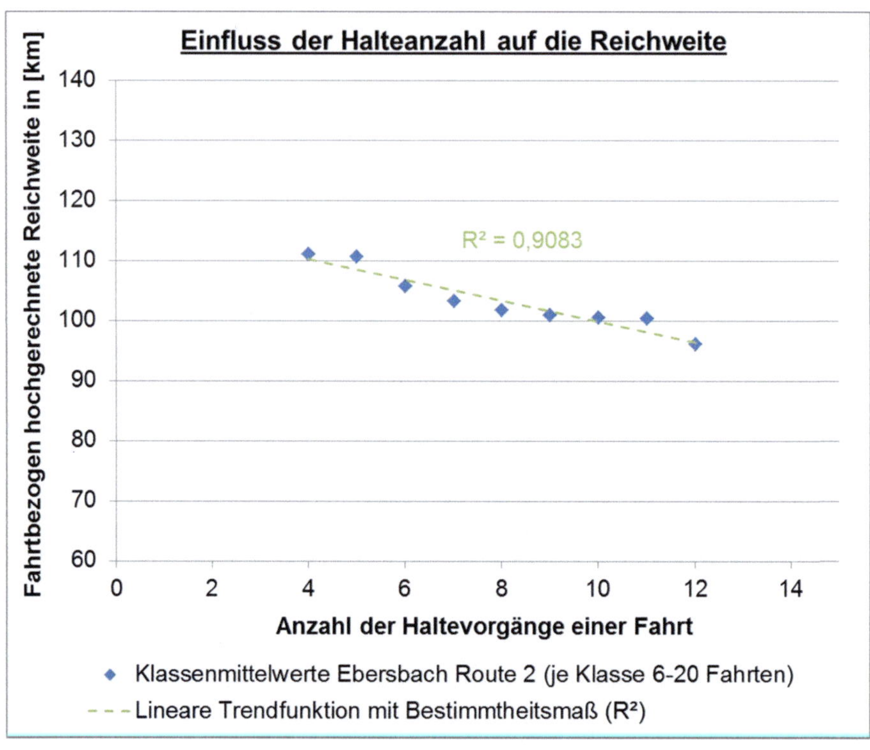

Abbildung 6-12: Einfluss der Anzahl an Haltevorgängen auf die Reichweite am Beispiel der Route 2 in Ebersbach

Für den untersuchten Bereich kann demnach vereinfachend ein linearer Zusammenhang angenommen werden. Da der Energieverbrauch, der zusätzlich durch einen Haltevorgang entsteht, entscheidend abhängig von der Geschwindigkeit ist, auf die im Anschluss an den Halt wieder beschleunigt wird, kann vor allem für Strecken mit relativ homogener Charakteristik des Geschwindigkeitsprofils von einem solchen linearen Verlauf annähernd ausgegangen werden. Dies ist bei den meisten derzeitigen Bürgerbusverkehren der Fall, da die Linien überwiegend auf innerörtlichen Strecken mit einer zulässigen Geschwindigkeit von 30 oder 50 km/h verlaufen.

Die Untersuchung der anderen fünf Linienrouten ergab grundsätzlich ähnliche Ergebnisse wie in Abbildung 6-12, wenn zum Teil auch mit einem deutlich geringeren Bestimmtheitsmaß (siehe Tabelle 6-4). Dabei ist aber zu berücksichtigen, dass durch die Klassenbetrachtung der Einfluss der mittleren Fahrgeschwindigkeit (Fahrweise, übriges Verkehrsgeschehen) nicht vollständig ausgeschlossen werden konnte und auch der gleichzeitig wirkende Einfluss von unterschiedlichen Fahrgastzahlen hier verstärkt in Kauf genommen werden muss.[16] Tabelle 6-4 fasst die Ergebnisse für die sechs untersuchten Linienrouten zusammen:

	Salach			Ebersbach			An-halts-wert
	Route 1	Route 2	Route 3	Route 1	Route 2	Route 3	
Größe der Stichprobe (Anzahl Klassen)	5	3	4	12	9	10	-
Bereich Anzahl an Haltevorgängen	3-10	5-7	3-9	5-16	4-12	5-14	-
Bestimmtheitsmaß für Fahrzeugreichweite	0,45	0,06	0,99	0,84	0,91	0,61	-
Bestimmtheitsmaß für Verbrauch je 100 km	0,38	0,05	0,99	0,86	0,91	0,56	-
Anstieg m (y = mx + n) Fahrzeugreichweite	-1,7	-1,4	-2,2	-1,2	-1,7	-1,5	-1,6
Anstieg m (y = mx + n) Verbrauch je 100 km	0,4	0,4	0,6	0,4	0,5	0,5	0,5

Tabelle 6-4: Einfluss der Anzahl an Haltevorgängen auf Reichweite und spezifischen Energieverbrauch

Die ermittelten Bestimmtheitsmaße reichen von 0,05 bis 0,99, wobei die im Fall von Salach stark schwankenden Werte mit der geringen Anzahl der jeweils eingehenden

---

[16] Mit steigender Anzahl an Haltevorgängen steigt die Wahrscheinlichkeit einer höheren Fahrzeugauslastung während einer Fahrt.

Klassen zusammenhängen. Für den untersuchten linearen Zusammenhang zwischen Reichweite und Anzahl der Haltevorgänge resultieren Werte von -2,2 bis -1,2 für den Anstieg der zugrundeliegenden Gerade. Im Mittel ergibt sich -1,6 als ungefährer Anhaltspunkt für die Wirkung des Einflussfaktors. Für den untersuchten linearen Zusammenhang zwischen dem Energieverbrauch je 100 Kilometer und der Anzahl an Haltevorgängen resultieren Werte von 0,4 bis 0,6 für den jeweiligen Anstieg der Geraden. Im Mittel ergibt sich 0,5 als Anhaltspunkt für die Wirkung der Anzahl an Haltevorgängen auf den spezifischen Energieverbrauch.

Ergänzend durchgeführte Testfahrten mit variierender Anzahl an Haltevorgängen (4 bis 15 Halte je Fahrt) auf einer bürgerbustypischen Strecke in Stuttgart-Steinhaldenfeld (vgl. Abschnitt 6.2.2) bestätigen grundsätzlich diese Ergebnisse. Die Befahrung der Strecke erfolgte mit konstanter Fahrzeugbeladung sowie möglichst gleicher Fahrweise, um diese sonst gleichzeitig wirkenden Einflüsse zu minimieren. Ergebnis sind Bestimmtheitsmaße von 0,82 bis 0,90 für einen linearen Zusammenhang zwischen Fahrzeugreichweite und Halteanzahl sowie ein Anstieg der Regressionsgeraden von -1,4 bis -1,2.

6.2.6 Einfluss der Streckentopographie

Die mittlere Längsneigung aller Steigungsabschnitte wurde als Kenngröße gewählt, um (vereinfachend) den Einfluss des Höhenprofils einer Route auf Fahrzeugreichweite und spezifischen Energieverbrauch zu analysieren. Die Längsneigung der Gefälleabschnitte wurde nicht berücksichtigt, da bei den untersuchten Routen Start- und Endpunkt fast immer identisch sind. Die in Verbindung mit Fahrweise und Rekuperation der Traktionsbatterie existierenden Einflüsse durch das Streckenprofil bleiben dahingehend vernachlässigt. Um parallel wirkende Einflüsse weitestgehend ausschließen zu können, werden für die sechs betrachteten Linienrouten ausschließlich die Fahrten

- ohne Abweichung von der Linienstrecke gemäß Linienplan und
- bei Temperaturen deutlich über 0°

untersucht. Um den parallel wirkenden Einfluss durch das Geschwindigkeitsprofil einer Fahrt gering zu halten, wurden die Mittelwerte für Reichweite und Energieverbrauch anhand der Einzelwerte der für eine Route erfassten Fahrten berechnet.

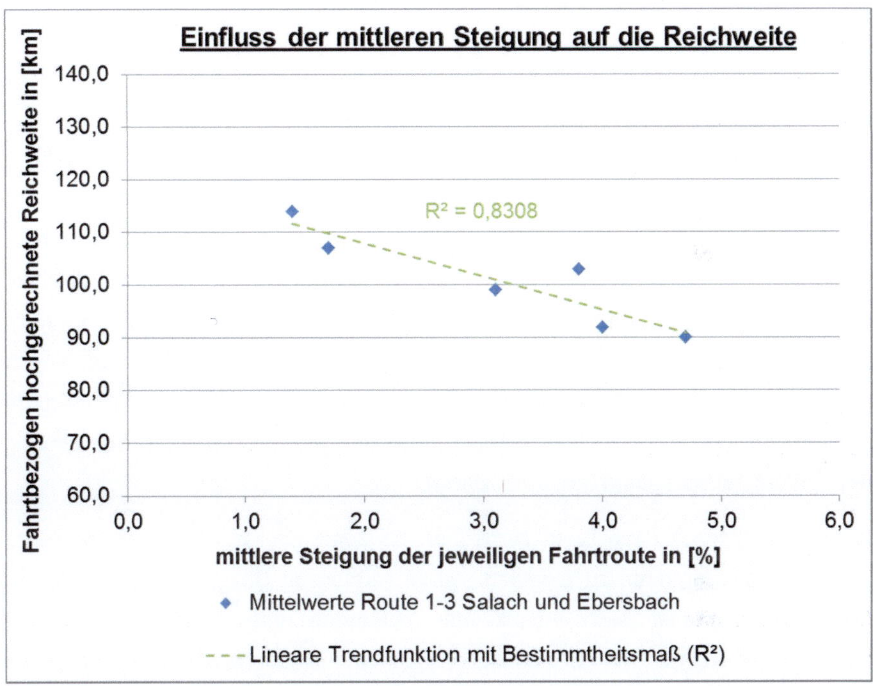

Abbildung 6-13: Einfluss der mittleren Steigung einer Route auf die Reichweite

Demnach ergibt sich für einen linearen Zusammenhang ein Bestimmtheitsmaß von rund 0,83. Vor dem Hintergrund der durch die Mittelwertbildung nur teilweise abgeminderten, parallel wirkenden Einflüsse von Geschwindigkeitsprofil und Fahrgastanzahl wird daher für eine einfache Betrachtung von einem linearen Zusammenhang ausgegangen. Eine detailliertere Analyse der sechs Routen anhand von Fahrten mit derselben Anzahl an Haltevorgängen ergab niedrigere Bestimmtheitsmaße.

Für den so untersuchten linearen Zusammenhang zwischen Reichweite und mittlerer Steigung resultieren Werte von -6,3 bis -2,7 für den Anstieg der zugrundeliegenden Geraden. Im Mittel ergibt sich -4,6 als ungefährer Anhaltspunkt für die Wirkung des

Einflussfaktors. Für den untersuchten linearen Zusammenhang zwischen dem Energieverbrauch je 100 Kilometer und der mittleren Steigung resultieren Werte von 0,5 bis 1,7 für den jeweiligen Anstieg der Geraden. Im Mittel ergibt sich 1,2 als Anhaltspunkt für die Wirkung der mittleren Steigung einer Route auf den spezifischen Energieverbrauch.

6.2.7 Einfluss der Witterung

Wesentliche Kenngrößen für den witterungsbedingten Einfluss auf Fahrzeugreichweite und Energieverbrauch stellen Außentemperatur und Straßenzustand (trocken, nass, Schnee, Eis) dar. Daher wurde zum einen der witterungsbedingte Straßenzustand zu Fahrtbeginn für jede Fahrt durch das Fahrpersonal erfasst (vgl. Abschnitt 6.1.4). Aufgrund der geringen Anzahl an Fahrten im Testbetriebszeitraum, die nicht bei trockenem Straßenzustand stattgefunden haben, wurde dessen Einfluss jedoch nicht weiter untersucht. Zur isolierten Betrachtung der anderen Einflussgrößen wurde der Straßenzustand jedoch als Kriterium herangezogen (jeweils immer Betrachtung der Fahrten bei trockenem Straßenzustand).

Da im Hauptzeitraum des Testbetriebs (Juni bis September 2016) keine sehr niedrigen Außentemperaturen zu erwarten waren, wurden im Dezember in der Anwendungskommune Ebersbach ergänzende Testfahrten unter realem Linienbetrieb durchgeführt. Aufgrund organisatorischer Rahmenbedingungen (Einsatzmöglichkeit im Bürgerbusbetrieb auf eine Woche beschränkt) und eines fahrzeugseitigen Defekts resultierte letztlich mit insgesamt 56 Fahrten eine zu geringe Fahrtenanzahl (siehe auch Abschnitt 6.2.2) für eine ausreichend fundierte Untersuchung zum Einfluss der Außentemperatur. Bei Unterteilung der 48 Linienroutenfahrten[17] nach Routen, Anzahl Haltevorgängen und mittlerer Fahrgeschwindigkeit ergaben sich nur eine bis maximal vier Fahrten pro gebildeter Klasse.

Um einen ersten Anhaltspunkt zu bekommen, wurde für die Klasse jeder Route mit der höchsten Fahrtanzahl der Mittelwert der Reichweite aus den fahrtbezogenen

---

[17] nur Fahrten ohne Abweichung von der Linienroute und mit korrektem Datenlogging

Einzelwerten berechnet und mit den entsprechenden Werten aus den Testfahrten in Ebersbach in den Monaten August und September verglichen.

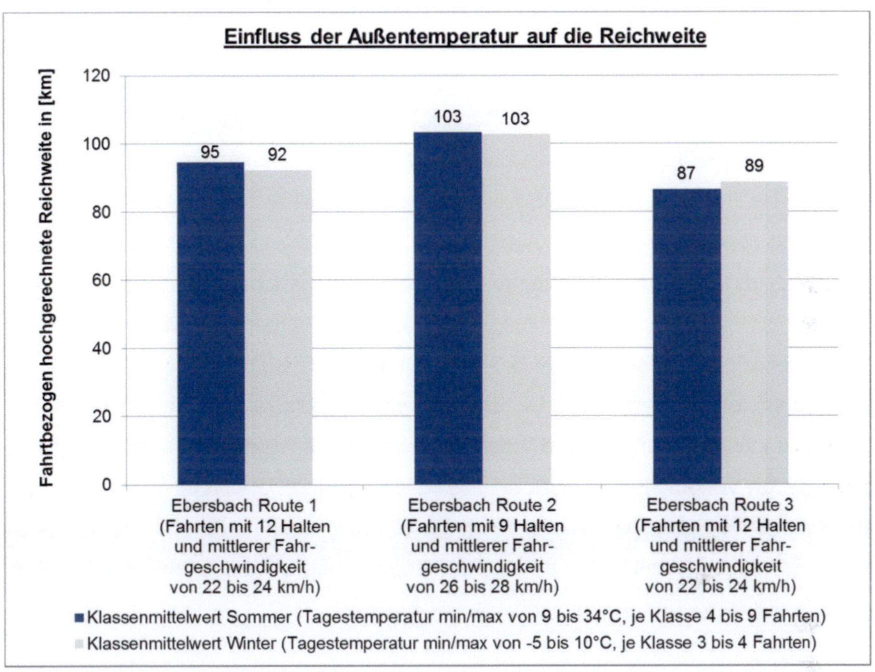

Abbildung 6-14: Einfluss der Außentemperatur auf die Reichweite am Beispiel Ebersbach

Der Vergleich zwischen den Klassenmittelwerten von Sommer und Winter deutet auf einen eher geringen Einfluss der Außentemperatur hin. Die jeweiligen Mittelwerte unterscheiden sich nur um maximal 3 km bzw. rund 3 % voneinander, die Richtung der Abweichung fällt je nach Route unterschiedlich aus. Ein Grund für den geringen Einfluss ergibt sich aus dem nicht erforderlichen Energieverbrauch im Winter für die Fahrzeugheizung, da das eingesetzte e-Fahrzeug nur über eine Standheizung verfügt, die über einen separaten Dieseltank betrieben wird. Die obigen Ergebnisse sind aufgrund der geringen Datenbasis und dem beschränkten Temperaturspektrum in der Untersuchung (z. B. tagsüber auch im Testzeitraum im Winter meist Temperaturen über 0°C) jedoch nur eingeschränkt belastbar.

Außentemperatur und witterungsbedingter Straßenzustand wurden daher nicht in die Gesamtbetrachtung der im Testbetrieb untersuchten Einflussgrößen (siehe Abschnitt 6.2.9) einbezogen.

6.2.8 Einfluss der Fahrgastanzahl

Im Bürgerbusbetrieb entsteht die Fahrzeugzuladung im Wesentlichen durch die Fahrgäste, weshalb die Fahrgastanzahl als Kenngröße gewählt wurde, um (vereinfachend) den Einfluss der Fahrzeugbeladung während einer Fahrt auf Fahrzeugreichweite und spezifischen Energieverbrauch zu analysieren. Die Anzahl der Fahrgäste wurde bei der Erprobung im Linienbetrieb nicht erfasst, weshalb 18 ergänzende Testfahrten mit unterschiedlicher Fahrgastanzahl auf einer bürgerbustypischen Strecke in Stuttgart-Steinhaldenfeld (Länge 3,3 km) durchgeführt wurden. Die Befahrung der Strecke erfolgte mit möglichst gleicher Fahrweise, um die gleichzeitig wirkenden Einflüsse zu minimieren. Vor allem aufgrund der (nicht vermeidbaren) Wechselwirkung mit anderen Verkehrsteilnehmern resultierte hierbei eine Bandbreite von 3 bis 6 Haltevorgängen je Fahrt sowie mittlere Fahrgeschwindigkeiten im Bereich von 22 bis 24 km/h. Es wurden jeweils 4 bis 5 Fahrten mit 0, 2, 4 und 6 Fahrgästen[18] durchgeführt, woraus sich folgender Zusammenhang ableiten lässt:

---

[18] Das Gewicht von jeweils zwei Fahrgästen lag mit Kleidung und Gepäck im Bereich von 200 kg.

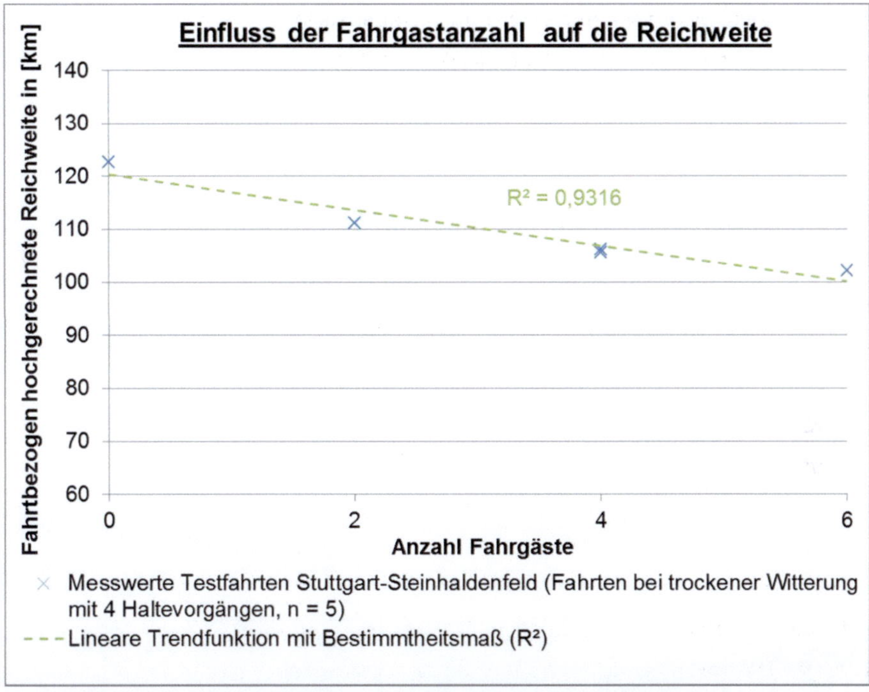

Abbildung 6-15: Einfluss der Fahrgastanzahl auf die Reichweite am Beispiel der Teststrecke Stuttgart-Steinhaldenfeld

Für einen linearen Zusammenhang ergibt sich bei Betrachtung der Fahrten mit vier bzw. sechs Haltevorgängen ein Bestimmtheitsmaß von rund 0,93 bzw. rund 0,94. Werden alle 18 Fahrten zusammen betrachtet, reduziert sich das Bestimmtheitsmaß auf 0,76. Dies ist vor allem durch die dann unterschiedliche Anzahl an Haltevorgängen bedingt (je Fahrt zwischen 3 und 6).

Für den linearen Zusammenhang zwischen Reichweite und Fahrgastanzahl resultieren Werte von -3,4 bis -2,6 für den Anstieg der zugrundeliegenden Gerade. Im Mittel ergibt sich -2,9 als ungefährer Anhaltspunkt für die Wirkung des Einflussfaktors. Für den untersuchten linearen Zusammenhang zwischen dem Energieverbrauch je 100 Kilometer und der Fahrgastanzahl resultieren Werte von 0,6 bis 0,8 für den jeweiligen Anstieg der Geraden. Im Mittel ergibt sich 0,7 als Anhaltspunkt für die Wirkung der Fahrgastanzahl einer Fahrt auf den spezifischen Energieverbrauch.

6.2.9 Gesamtbetrachtung der untersuchten Einflüsse

Als Haupteinflussfaktoren auf Fahrzeugreichweite und spezifischen Energieverbrauch des erprobten e-Bürgerbusses wurden die mittlere Längsneigung aller Steigungsabschnitte einer Fahrtroute sowie die Fahrgastanzahl, die Anzahl der Haltevorgänge und die mittlere Fahrgeschwindigkeit einer Fahrt untersucht. In deren Vergleich zeigt sich die mittlere Fahrgeschwindigkeit als bedeutendste Einflussgröße:

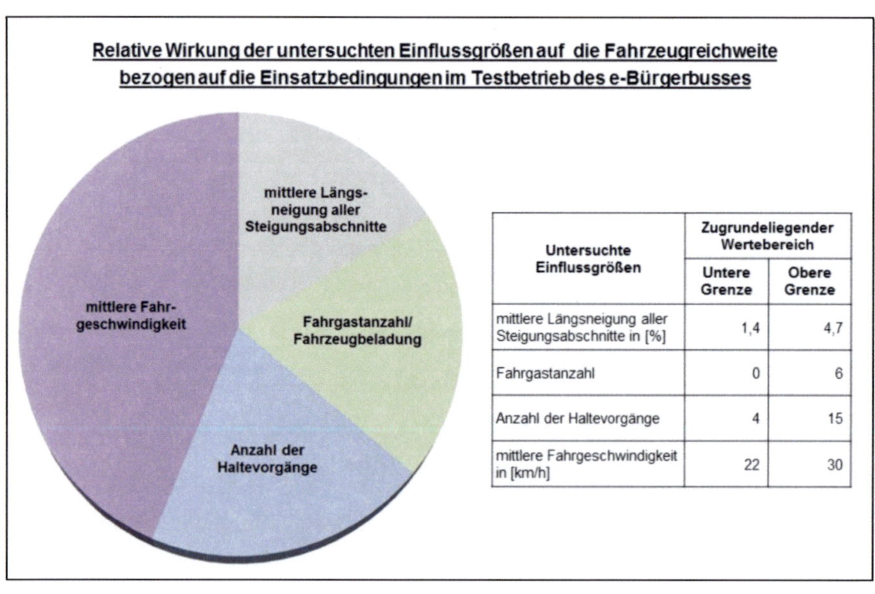

Untersuchte Einflussgrößen	Zugrundeliegender Wertebereich	
	Untere Grenze	Obere Grenze
mittlere Längsneigung aller Steigungsabschnitte in [%]	1,4	4,7
Fahrgastanzahl	0	6
Anzahl der Haltevorgänge	4	15
mittlere Fahrgeschwindigkeit in [km/h]	22	30

Abbildung 6-16: Relative Wirkung der untersuchten Einflussfaktoren auf die Fahrzeugreichweite

Die relative Wirkung der Einflussfaktoren wurde als Anteil an der Summe der jeweiligen Einzelwirkungen ermittelt. Diese ergeben sich aus dem Produkt des in den vorangegangenen Abschnitten abgeleiteten Anhaltswerts für den Anstieg der jeweiligen Regressionsgeraden (vgl. Abschnitte 6.2.4 bis 6.2.8) und der aus dem Testbetrieb resultierenden Größe des entsprechenden Wertebereichs (siehe Tabelle in Abbildung 6-16). Der Wertebereich ergibt sich für die mittlere Längsneigung aller Steigungsabschnitte aus den sechs Streckenprofilen der im realen Linienbetrieb befahrenen Bürgerbusrouten in Salach und Ebersbach. Bezüglich Anzahl der Haltevorgänge und mittlerer Fahrgeschwindigkeit resultiert er aus dem 5 %- bzw. 95 %-Quantil der aufgetretenen Messwerte im Testzeitraum.[19] Die damit verbundene Eliminierung von Ausreißern führt zu einem ausgewogeneren Vergleich der Einflussgrößen. Der dargestellte Wertebereich für die Fahrgastanzahl während einer Fahrt ergibt sich aus den 18 Testfahrten, die ergänzend auf einer bürgerbustypischen Strecke in Stuttgart-Steinhaldenfeld durchgeführt wurden.[20]

Während die anderen drei Einflussfaktoren mit 17 % (mittlere Längsneigung aller Steigungsabschnitte) bzw. 20 % (Anzahl Haltevorgänge, Anzahl Fahrgäste) einen ähnlich hohen Anteil aufweisen, ergibt sich für die mittlere Fahrgeschwindigkeit mit 43 % eine etwa doppelt so hohe relative Wirkung. Die mittlere Fahrgeschwindigkeit wird bei einer Fahrt auf derselben Strecke mit konstanter Fahrzeugbeladung und gleicher Anzahl von Haltevorgängen neben dem (zufallsbeeinflussten) Verkehrsgeschehen vor allem von der Fahrweise der Fahrerinnen und Fahrer beeinflusst. Eine höhere mittlere Fahrgeschwindigkeit (Haltezeiten gehen nicht in diesen Wert ein) ergibt sich zum einen durch das Fahren mit stark variierenden Geschwindigkeiten insgesamt sowie zum anderen durch stärkere Brems- und/oder Beschleunigungsmanöver, um eine bestimmte Geschwindigkeit zu erreichen.

Die folgenden Darstellungen geben auf analoger Datengrundlage einen vereinfachenden Anhaltspunkt über die jeweilige Wirkung der untersuchten Einflussfaktoren auf die Reichweite und den spezifischen Energieverbrauch des eingesetzten e-Fahrzeugs:

---

[19] Linienbetrieb in Salach und Ebersbach Juni bis September 2016, Datengrundlage 552 Fahrten (vgl. Abschnitt 0)

[20] Bei den Testfahrten im Linienbetrieb wurde die Anzahl der Fahrgäste nicht fahrtbezogen erfasst, so dass für die Untersuchung dieses Einflusses ergänzende Testfahrten notwendig waren (vgl. Abschnitt 6.2.8). Die maximale Fahrgastzahl des e-Fahrzeugs ist bei Führerscheinklasse B auf 6 begrenzt.

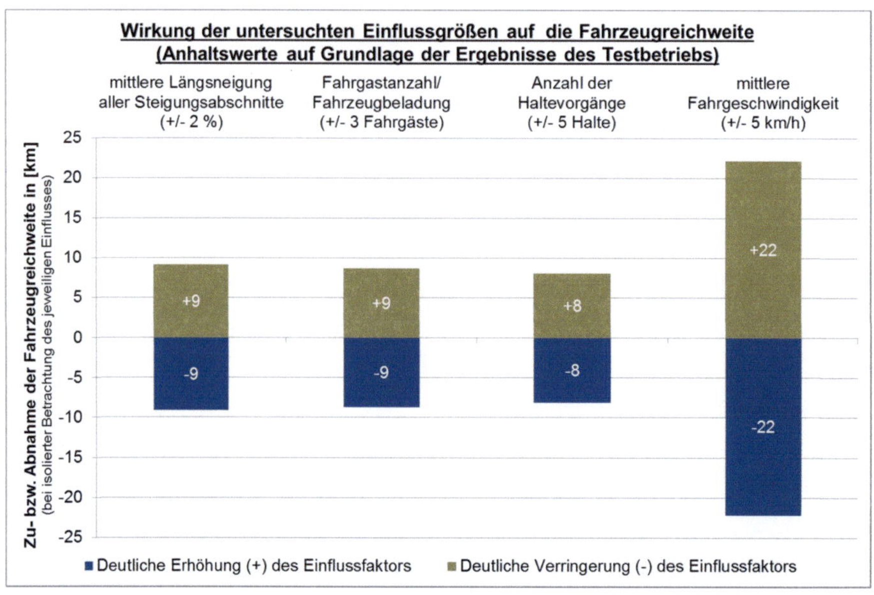

Abbildung 6-17: Wirkung der untersuchten Einflussfaktoren auf die Fahrzeugreichweite

Die Angaben resultieren aus der isolierten Betrachtung des jeweiligen Einflussfaktors, weshalb eine Summenbildung zur Ermittlung eines Gesamteffektes i. A. nicht zulässig ist. Als Maß für eine deutliche Erhöhung bzw. Verringerung einer Einflussgröße wurde in etwa die Hälfte des im Testbetrieb beobachteten Wertespektrums angesetzt (vgl. Tabelle in Abbildung 6-16). Eine deutliche Erhöhung der mittleren Fahrgeschwindigkeit (d. h. um 5 km/h) unter sonst gleichbleibenden Bedingungen ergibt demnach eine Reduzierung der Fahrzeugreichweite von rund 20 km und damit annähernd das Doppelte als wenn einer der übrigen drei untersuchten Einflussgrößen (unter sonst gleichbleibenden Bedingungen) deutlich erhöht würde.

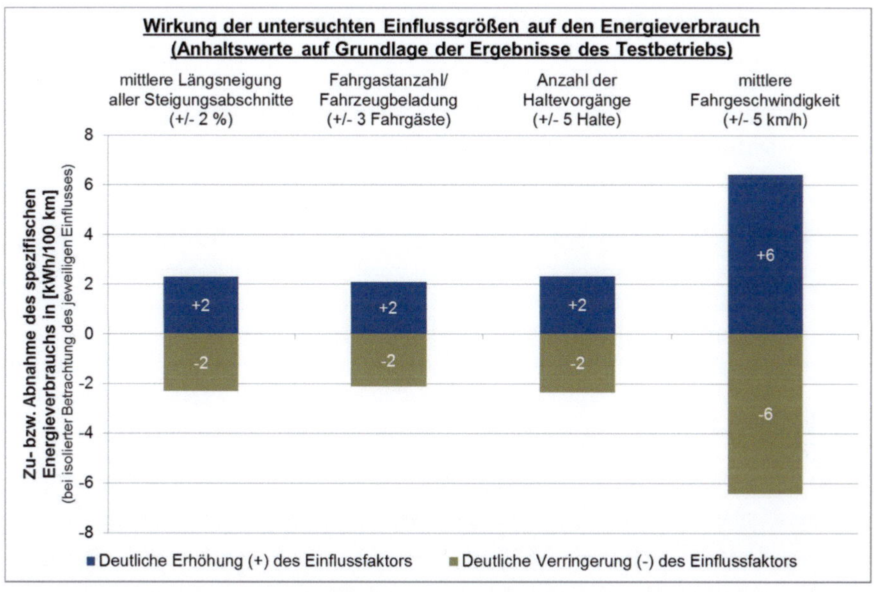

Abbildung 6-18: Wirkung der untersuchten Einflussfaktoren auf den spezifischen Energieverbrauch

Auch beim spezifischen Energieverbrauch ist aufgrund der isolierten Betrachtung des jeweiligen Einflussfaktors i. A. keine Summenbildung zur Ermittlung eines Gesamteffektes zulässig. Eine deutliche Erhöhung der mittleren Fahrgeschwindigkeit (d. h. um 5 km/h) unter sonst gleichbleibenden Bedingungen ergibt hier einen erhöhten Energieverbrauch um rund 6 kWh pro 100 km. Eine annähernd gleichwertige Erhöhung bei einem der übrigen drei untersuchten Einflussgrößen bewirkt (unter sonst gleichbleibenden Bedingungen) einen erhöhten Energieverbrauch um rund 2 kWh pro 100 km.

6.2.10 Wirtschaftlichkeitsbetrachtung

Ein entscheidender Aspekt in der Abwägung, ob für den Bürgerbusbetrieb ein e-Fahrzeug eingesetzt werden soll, sind die entsprechenden Auswirkungen auf die Betriebskosten. Diese setzen sich bei Bürgerbusverkehren wie folgt zusammen:

- Fahrzeugvorhaltungskosten (u. a. für Kapitaldienst aus Fahrzeuganschaffung und Fahrzeugversicherung sowie ggf. für Unterstellung, Miete der Traktionsbatterie oder Anschaffung einer Ladestation)
- Fahrzeugunterhaltungskosten (u. a. für Wartung, Inspektion und Instandsetzung sowie für Reifen und Schmierstoffe)
- Geschwindigkeitsabhängige Antriebskosten (für Kraftstoff- oder Stromverbrauch)
- Kosten für Fahrpersonal (Einsatz von ehrenamtlichen Fahrerinnen und Fahrern, es fallen jedoch Kosten für die Versicherung des Fahrpersonals und für den Erwerb des Personenbeförderungsscheines an, sowie ggf. für Schulungen)
- Sonstige Kosten, z. B. für Kundendienst, Öffentlichkeitsarbeit und Verwaltung (u. a. für Fahrplanerstellung, Fahrkartendruck und sonstige Drucksachen sowie ggf. für Homepage oder Fahrzeugtelefon)

Durch den Einsatz eines e-Fahrzeugs verändern sich insbesondere die drei erstgenannten Kostenbereiche. Für die übrigen zwei Bereiche wird davon ausgegangen, dass die Kosten nicht fahrzeugabhängig sind und somit gegenüber dem Einsatz eines Dieselfahrzeugs konstant bleiben.

Als Eingangsdaten für einen beispielhaften Vergleich der fahrzeugabhängigen Betriebskosten von einem e-Bürgerbus mit einem konventionellen Dieselfahrzeug wurden auf Seiten des e-Fahrzeugs die Ergebnisse aus diesem Projekt verwendet. Alle fahrzeugseitigen Angaben beziehen sich folglich auf das angeschaffte Fahrzeug vom Modell Plantos von German E-Cars (vgl. Kapitel 5) und die im Linienbetrieb in Salach und Ebersbach gemachten Betriebserfahrungen (Juni bis September 2016). Bezüglich Dieselfahrzeug wurden die bei der Analyse des Ist-Zustandes erhobenen Daten der vier beteiligten Anwendungskommunen (siehe Kapitel 4) herangezogen und anhand von Mittelwerten für den Vergleich verwendet. Um diesen einheitlich zu gestalten, wurden alle Kostenwerte auf den Preisstand 2015 (Kaufzeitpunkt des e-Bürgerbusses) bezogen und ausschließlich Nettowerte verwendet. Als Strompreis wurde der durchschnittliche Strompreis für einen Haushalt 2015 ohne Umsatzsteuer aus der Strompreisanalyse 2016 vom Bundesverband für Energie- und Wasserwirtschaft angesetzt (0,24 € pro kWh, vgl. [BDEW 2016]). Der durchschnittliche Dieselpreis für 2015 in Deutschland wurde mit 1,17 € (ohne Umsatzsteuer) aus [Statista 2016] entnommen.

Abbildung 6-19 zeigt beispielhaft für einen Bürgerbusverkehr mit 30.000 Betriebski-lometern pro Jahr (Größenordnung z. B. Bürgerbus Wendlingen), wie sich die jewei-ligen Kosten pro Betriebskilometer bei Einsatz eines reinen e-Fahrzeugs und Einsatz eines konventionellen Dieselfahrzeugs unterscheiden (Preisstand 2015, Netto-Angaben).

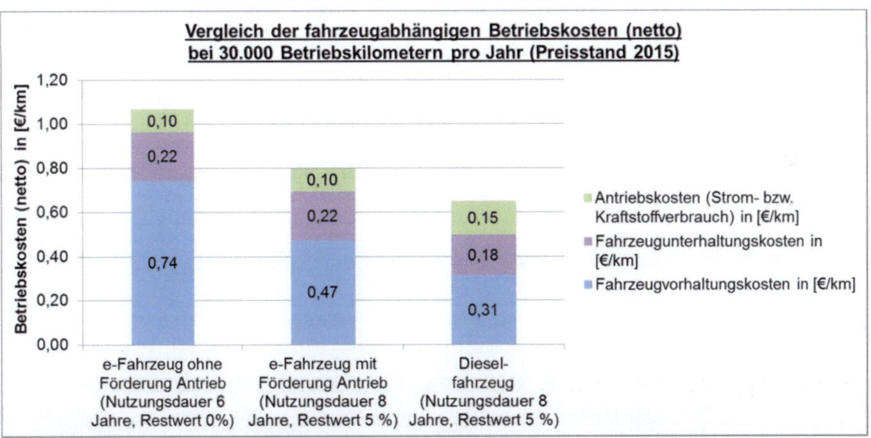

Abbildung 6-19: Vergleich der fahrzeugabhängigen Betriebskosten je Einsatzkilome-ter von e- und Dieselfahrzeug

Für alle drei betrachteten Varianten wurde hinsichtlich der Kosten für die Fahrzeug-anschaffung eine Bürgerbusförderung des Landes in gleicher Höhe berücksichtigt (22.500 € in Orientierung an der Förderrichtlinie 2015 in Baden-Württemberg (vgl. [MVI BW 2015a])). Der Anschaffungspreis für einen elektrisch betriebenen Bürgerbus ist u. a. aufgrund der fehlenden Serienproduktion derzeit noch deutlich höher als für ein vergleichbares Dieselfahrzeug, weshalb die Fahrzeugvorhaltungskosten pro Be-triebskilometer in Abbildung 6-19 bei einer eher konservativen Annahme für Nut-zungsdauer und Restwert des e-Fahrzeugs mehr als doppelt so hoch ausfallen. Ge-genwärtig[21] um knapp 70 % höhere Kosten für die Fahrzeugversicherung sind zu einem geringeren Anteil ebenfalls hierfür verantwortlich. Gleiches gilt für die zusätz-

---

[21] Zukünftige Reduzierung durch günstigere Schadensfreiheitsklasse möglich

lich anfallenden Kosten für die Ladeinfrastruktur (im Beispiel Ansatz von 2.000 €). Die günstigeren Antriebskosten können dies bei der unterstellten Betriebsleistung nur zu einem geringen Teil ausgleichen, zumal die Fahrzeugunterhaltungskosten im Beispielfall ebenfalls rund 20 % höher als bei einem Dieselfahrzeug liegen.

Aufgrund des bestehenden Förderprogramms in Baden-Württemberg wird als weiterer Vergleichsfall die Anschaffung desselben e-Fahrzeugs unter Berücksichtigung der Landesförderung für alternative Antriebe im ÖPNV betrachtet und eine Förderung von 50 % der Mehrkosten gegenüber dem Kauf eines konventionellen Fahrzeugs unterstellt. Bei Annahme einer Nutzungsdauer und eines Restwerts in Analogie zum Dieselfahrzeug übersteigen die resultierenden Betriebskosten mit 0,80 € / km immer noch den Wert für ein konventionelles Fahrzeug (0,65 € / km). Für 30.000 Betriebskilometer pro Jahr ergibt dies rund 4.500 € an jährlichen Mehrkosten bei Einsatz eines e-Fahrzeugs (siehe folgende Darstellung).

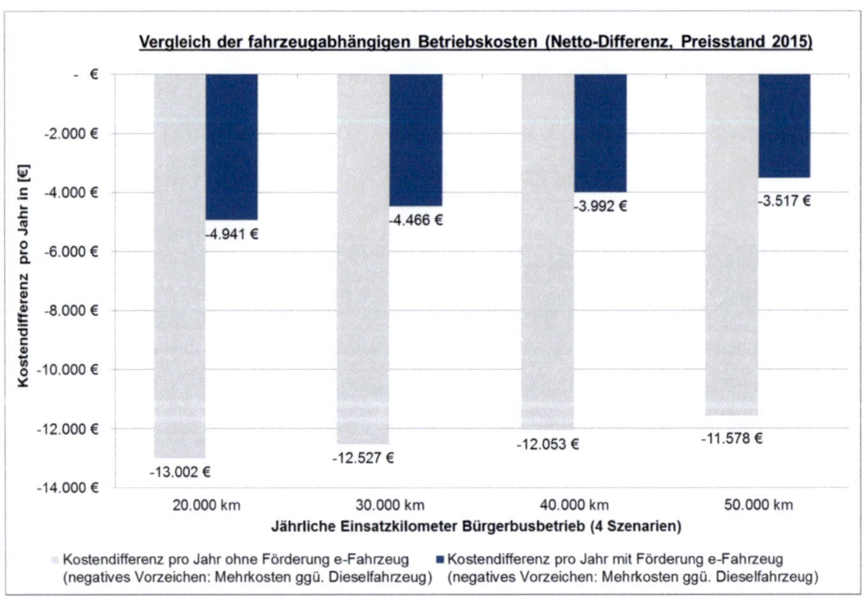

Abbildung 6-20: Veränderung der Betriebskosten pro Jahr gegenüber Dieselfahrzeug

Bei Bürgerbusverkehren mit einer höheren Betriebsleistung verringern sich die Mehrkosten zwar, aber erst bei einem für Bürgerbusverkehre unrealistisch hohen Wert (im Beispiel ca. 120.000 Betriebskilometer pro Jahr) könnten gegenüber einem Dieselfahrzeug Betriebskosten eingespart werden. Es wird jedoch davon ausgegangen, dass durch die technologische Weiterentwicklung im Bereich der Elektromobilität bzw. den Markthochlauf zukünftig auch deutlich günstigere Anschaffungspreise für einen e-Bürgerbus erzielt werden können und sich somit bereits bei einer niedrigeren jährlichen Betriebsleistung Betriebskosten einsparen lassen.

Neben den Betriebskosten sollten ebenfalls die vor Ort in der Kommune entstehenden Nutzen, die aus dem Einsatz eines e-Fahrzeugs resultieren, bei der Fahrzeugentscheidung berücksichtigt werden. Hierunter fallen vor allem vermiedene Emissionen von CO_2 und sonstigen Luftschadstoffen sowie eine Verringerung des durch das Bürgerbusfahrzeug erzeugten Fahrgeräuschs. Aber auch eine noch positivere Wahrnehmung und größere Akzeptanz des Bürgerbusses seitens der Fahrgäste oder der Bevölkerung sind möglich. Abbildung 6-21 zeigt beispielhaft für verschiedene jährliche Betriebsleistungen die Kostendifferenz pro Jahr, die sich aus dem Vergleich von einem e-Fahrzeug (ohne bzw. mit Berücksichtigung einer Förderung bei der Anschaffung) mit einem konventionellen Dieselfahrzeug ergibt (Preisstand 2015, Netto-Angaben). Hierbei wurden neben den Betriebskosten auch die Emissionskosten für CO_2 und sonstige Schadstoffe gemäß den aktuellen Kosten- und Wertansätzen aus der Bundesverkehrswegeplanung für Pkw berücksichtigt (vgl. [PTV/TCI/Mann 2016].

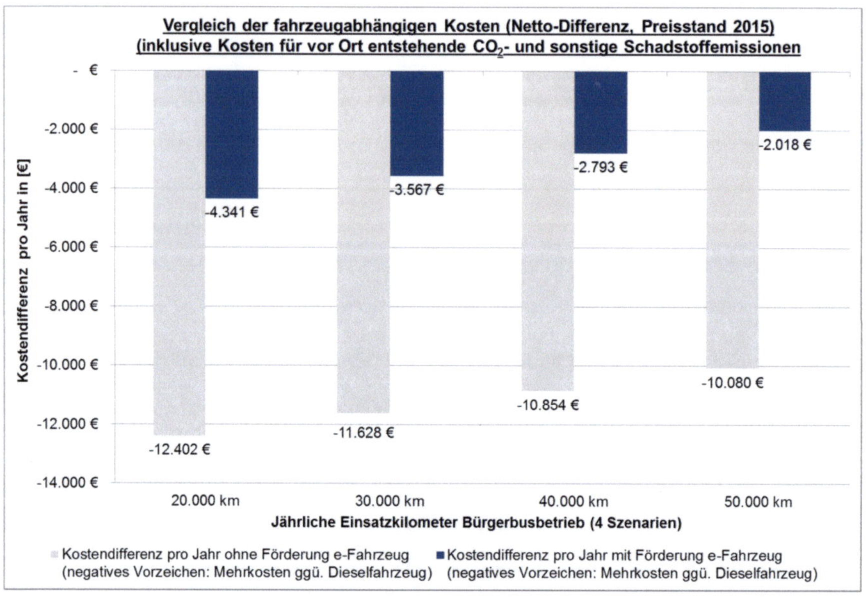

Abbildung 6-21: Veränderung der Kosten pro Jahr für Betrieb und Schadstoffemissionen vor Ort gegenüber Dieselfahrzeug

Auch hier ist aufgrund der derzeit noch hohen Anschaffungskosten der Einsatz eines e-Fahrzeugs erst mit Berücksichtigung einer Förderung (siehe oben) und ab einer entsprechend hohen jährlichen Betriebsleistung (über 70.000 Betriebskilometer) kostengünstiger als die Nutzung eines Dieselfahrzeugs. Im Beispiel liegen die Mehrkosten pro Jahr bei 40.000 jährlichen Betriebskilometern (Größenordnung z. B. Bürgerbus Ebersbach) im Bereich von rund 2.800 €. Darin bereits aufgegangene Kosteneinsparungen ergeben sich zu ca. 61 % durch eingesparte Antriebskosten und zu ca. 39 % durch vermiedene Emissionskosten vor Ort.[22]

---

[22] keine Einsparung auf Seiten des Betreibers (im Gegensatz zu den Antriebskosten)

7 Fazit

7.1 Geeignete Einsatzbedingungen für e-Fahrzeuge

Aus der Untersuchung zentraler Einflussfaktoren auf Fahrzeugreichweite und Energieverbrauch lassen sich wichtige Schlussfolgerungen für den Einsatz eines rein batterieelektrisch betriebenen Bürgerbusfahrzeugs ableiten. Die mittlere Fahrgeschwindigkeit wurde als bedeutendste Einflussgröße identifiziert. Über Fahrweise und Streckenführung kann hierbei eine positive Beeinflussung erfolgen, d. h. zum einen durch entsprechende Sensibilisierung / Schulung des Fahrpersonals, zum anderen bereits bei der Planung der Bürgerbuslinie(n). Die Anzahl an Haltevorgängen, die Streckentopographie und die Fahrgastanzahl / die Fahrzeugbeladung sind ebenfalls als Einflussfaktoren zu berücksichtigen und weisen relativ zueinander in etwa eine ähnlich hohe Wirkung auf. Während für Halteanzahl und Topographie zumindest zu einem gewissen Grad noch gezielt eine positive Beeinflussung erreicht werden kann (durch Berücksichtigung bei der Planung von Linien und Strecken), ist dies für die Fahrgastanzahl nicht möglich. Hier ist eine hohe Fahrzeugauslastung grundsätzlich gewünscht, weshalb das Fahrzeug auch bei maximaler Auslastung die vorgesehene Betriebsstrecke ohne Probleme bewältigen können muss.

Auch unter Berücksichtigung der weiteren Erkenntnisse aus diesem Projekt resultieren daher folgende Hinweise hinsichtlich geeigneter Einsatzbedingungen für eine erfolgreiche Nutzung des untersuchten e-Fahrzeugmodells Plantos im Bürgerbusverkehr:

Linienplanung / Streckenführung

- Gesamtlänge der ohne Ladevorgang „am Stück" zu bewältigenden Betriebsstrecke maximal 80 km (aufgrund der begrenzten Fahrzeugreichweite)
- Bei sehr schwieriger Topographie der Linienstrecke (mittlere Längsneigung aller Steigungsabschnitte der Linienstrecke größer 4 %) empfiehlt es sich, einen noch geringeren Wert anzusetzen.
- Begrenzung der Anzahl potentieller Haltevorgänge durch geeignete Linienführung (z. B. Vermeidung der Befahrung vorfahrtsgeregelter Knotenpunkte aus der untergeordneten Zufahrt heraus, Einhaltung sinnvoller Haltestellenabstände)
- Minimierung der Streckenabschnitte auf Straßen mit einer zulässigen Höchstgeschwindigkeit größer 50 km/h, sofern eine geeignete alternative Linienführung vorhanden ist

- Wahl des Abstell- sowie des Ladeorts bei Einsatzpausen in möglichst geringer Entfernung zum Start- bzw. Zielort der Linienstrecke. Die entsprechenden Entfernungen sind bei der Betriebsstreckenlänge zu berücksichtigen.

Fahrplanung

- Ausreichende Einsatzpause zwischen Vormittags- und Nachmittagsbetrieb zur Aufladung der Fahrzeugbatterie: Dauer in Abhängigkeit der Länge der Betriebsstrecke vormittags bzw. nachmittags. Die Dauer eines kompletten Ladevorgangs (d. h. bei „leerer" Batterie) beträgt bei einer verfügbaren Ladeleistung von 11 kW ca. 3,5 Stunden.
- Fahrplankonstruktion mit ausreichenden Zeitreserven, sodass bei einer vermehrten Anzahl an erforderlichen Haltevorgängen nicht schneller gefahren werden muss, um den Fahrplan noch einhalten zu können
- Berücksichtigung der begrenzten Fahrzeugreichweite bei der Planung von Sondereinsätzen oder sonstigen zusätzlichen Fahrzeugnutzungen

Fahrpersonal

- Schulung des Fahrpersonals bezüglich der Besonderheiten eines e-Fahrzeugs (Fahrzeugbedienung und Aufladung der Traktionsbatterie)
- Sensibilisierung des Fahrpersonals zur Anwendung einer energiesparsamen Fahrweise (insbesondere bei erforderlicher Ausnutzung der Einsatzgrenzen von hervorgehobener Bedeutung):
  - Vermeidung unnötiger sowie übermäßig starker Brems- und Beschleunigungsmanöver
  - Wahl einer möglichst gleichmäßigen Fahrgeschwindigkeit
  - Optimale Ausnutzung der Rekuperation (Fahrzeugbatterie wird im Schub- und Bremsbetrieb aufgeladen) durch möglichst geringe Nutzung der Bremse auf Gefällestrecken (sofern Sicherheit hierdurch nicht eingeschränkt wird)
  - Ausnutzung von Zeitreserven im Fahrplan auf der Strecke anstatt an der Haltestelle (zur Vermeidung einer zu frühen Abfahrt langsameres Fahren bis zur nächsten Haltestelle anstelle einer länger als nötigen Haltedauer dort).

Finanzierung Bürgerbusbetrieb

- Einkalkulierung von Mehrkosten für den Kapitaldienst aus der Fahrzeuganschaffung (in Abhängigkeit eventueller Förderungen) gegenüber dem Einsatz eines konventionellen Fahrzeugs

- Einkalkulierung von Einsparungen bei den Antriebskosten gegenüber dem Einsatz eines konventionellen Fahrzeugs (in Abhängigkeit der aktuellen Strom- und Dieselpreise)

Die Hinweise sind losgelöst von den konkret genannten Zahlenwerten grundsätzlich auch auf den Einsatz anderer e-Fahrzeugmodelle übertragbar.

7.2 Fahrzeugseitiger Verbesserungsbedarf

Eine häufig von den Vertretern der Bürgerbusvereine geäußerte Kritik war, dass der e-Bürgerbus nicht über die maximal erlaubten acht Fahrgastsitzplätze verfügt. Insbesondere für die Anwendungskommunen mit dem höchsten Fahrgastaufkommen stellt eine geringere Fahrgastsitzplatzanzahl ein Problem dar, da Fahrgäste nicht im Stehen transportiert werden dürfen. Im Zweifel müssen Fahrgäste mit Beförderungswunsch an der Haltestelle zurückgelassen werden. Im Projekt wurde im e-Bürgerbus ein siebter Fahrgastsitz in der hinteren Sitzreihe nachträglich verbaut. Das daraus resultierende zulässige Gesamtgewicht von mehr als 3,5 Tonnen führte dazu, dass nur Fahrer mit einer „alten" Fahrerlaubnis Klasse III (die bis zu einem zulässigen Gesamtgewicht von 7,5 Tonnen zum Fahren berechtigt) den e-Bürgerbus fahren durften. Durch diese Maßnahme kam es allerdings nicht zum führerscheinbedingten Ausschluss einzelner Fahrer.

Mit Bezug auf den e-Bürgerbus von German E-Cars dürfte nicht das Batteriegewicht alleine für die Realisierung von nur sechs Fahrgastsitzplätzen verantwortlich sein. Das in Kapitel 5.3.2 erwähnte manuelle Schaltgetriebe mit sechs Gängen dürfte gegenüber einem Automatikgetriebe mit zwei Gängen (Vor- und Rückantrieb) für zusätzliches Gewicht sorgen, sodass gegebenenfalls ein siebter Fahrgastsitz hätte realisiert werden können.

Darüber hinaus ist eine Erhöhung der Batteriekapazität für den Einsatz in Kommunen mit täglichen Betriebskilometern ihrer Bürgerbusverkehre größer als 150 km essentiell. Wie die Ergebnisse des Testbetriebs in Ebersbach gezeigt haben, konnte nicht jeder Betriebstag vollständig mit dem e-Bürgerbus realisiert werden, sondern es kam der konventionell betriebene Bürgerbus zum Einsatz. Die Erhöhung der Batteriekapazität müsste unter Beibehaltung oder Reduzierung des Batteriegewichts erfolgen.

Alternativ zu der Erhöhung der Batteriekapazität ist eine Aufladung der Traktionsbatterie mit einer Leistung von mehr als 11 kW wünschenswert. So könnten kurze Pausen am Ende und vor Beginn einer Linienfahrt genutzt werden, um auch in kurzen Zeiträumen die Batterie nachzuladen. Ggf. könnte dies Anpassungen des Betriebskonzepts und des Fahrplans nach sich ziehen, sodass im Einzelfall zu prüfen ist, ob das eine Alternative zu einer höheren Batteriekapazität darstellt. Ungeachtet dessen würde eine etwa zweistündige Mittagspause bei einer Ladeleistung von 22 kW auf Basis der im Projekt gewonnenen Erkenntnisse ausreichen, um die Traktionsbatterie vollständig aufladen zu können.

Zukünftig anzustreben sind Niederflurfahrzeuge, die insbesondere den Einstieg für mobilitätseingeschränkte Personen (z. B. auch mit Rollatoren oder Rollstühlen) erleichtern. Durch die Anordnung der Traktionsbatterien im Unterboden eines e-Fahrzeugs ergeben sich hinsichtlich der Niederflurigkeit besondere Herausforderungen (siehe Kapitel 5.6). Wünschenswert ist in diesem Zusammenhang auch der sichere Transport von Menschen in Rollstühlen. Hierzu sind u. a. eine ausreichende Stellfläche im Fahrzeuginnenbereich sowie aus Gründen der Verkehrssicherheit hinreichende Sicherungsoptionen eines Rollstuhls erforderlich.

Zu erwähnen ist auch die Klimatisierung im Fahrzeuginnenraum. Während der Problematik der höheren Energieverbräuche durch eine elektrische Heizung im Winter durch Einbau einer Standheizung vorgebeugt wurde, existiert noch keine Lösung für die Kühlung des e-Bürgerbusses im Sommer. Seitliche Aufstellfenster sowie eine Dachluke bieten einen gewissen Komfort für die Fahrgäste, wünschenswert wäre aber eine zusätzliche Klimaautomatik für heiße Sommermonate. Auch um solche Verbraucher im Fahrzeug betreiben zu können, ohne im Linienbetrieb eine eingeschränkte Reichweite befürchten zu müssen, sind die oben beschriebenen Maßnahmen zur Erhöhung der Reichweite zu ergreifen.

Darüber hinaus sollte es eine Verbesserung des in Kapitel 6.2.1 erwähnten Überhitzungsschutzes der Traktionsbatterie geben. Diese Schutzfunktion sollte erst bei Temperaturen nötig sein, die unter Berücksichtigung der klimatischen Verhältnisse im Sommer in Deutschland nach Möglichkeit nicht eintreten. Aufgrund der Bedienpflicht der Bürgerbuslinie stellen mögliche Ausfälle in den Sommermonaten ein Risiko dar, was darüber hinaus zur Verunsicherung der Fahrer beitragen kann.

7.3 Sinnhaftigkeit des Einsatzes von e-Fahrzeugen

Für eine auf den Projekterkenntnissen basierenden Bewertung, ob der Einsatz rein elektrisch betriebener Fahrzeuge im Bürgerbusverkehr aus heutigem Kenntnisstand empfohlen werden kann, ist die Berücksichtigung folgender Aspekte von zentraler Bedeutung:

- Erfüllung der anwendungsspezifischen Anforderungen
- Wirtschaftlichkeit des Mobilitätsansatzes
- Nachhaltigkeit des Mobilitätsansatzes

Erfüllung der anwendungsspezifischen Anforderungen

Bürgerbusverkehre bieten grundsätzlich optimale Einsatzbedingungen für die Elektromobilität: Eine hohe und aufgrund des Linienverkehrs planbare Fahrleistung pro Tag mit Möglichkeit der Zwischenladung in der Mittagspause sind wesentliche Kriterien, die für die Nutzung von Elektrofahrzeugen sprechen. Durch einen festen Stellplatz mit entsprechender Ladeinfrastruktur können die e-Fahrzeuge zuverlässig geladen werden. Dies bestätigt auch die Analyse der bestehenden Einsatzbedingungen in vier Anwendungskommunen in Baden-Württemberg (vgl. Kapitel 4), aus der u. a. hervorgeht, dass für den Einsatz eines e-Fahrzeugs keine wesentlichen Änderungen des dortigen Betriebsprogrammes erforderlich sind. Kleinere Anpassungen, die ggf. notwendig werden, sind zudem verhältnismäßig leicht umsetzbar (z. B. Verlängerung der Einsatzpause mittags zwecks einer für den Nachmittagsbetrieb ausreichend langen Zwischenaufladung der Traktionsbatterie).

Die fahrzeugseitig derzeit noch größte Herausforderung stellt das Erreichen von acht Fahrgastsitzplätzen bei Einhaltung eines zulässigen Fahrzeuggesamtgewichtes von maximal 3,5 t dar. Dies ist eine wesentliche Anforderung im Bereich von Bürgerbusverkehren, damit ehrenamtliches Fahrpersonal mit Führerscheinklasse B eingesetzt werden kann. Das im Testbetrieb eingesetzte Fahrzeugmodell Plantos von German E-Cars (vgl. Kapitel 5) konnte diese mit sechs Fahrgastsitzplätzen noch nicht erfüllen, jedoch zeigt die laufende Marktbeobachtung neuer Fahrzeugentwicklungen (z. B. Internationale Automobil-Ausstellung IAA 2016, siehe auch Abschnitt 5.5), dass Lösungen bereits kurz- bis mittelfristig in Aussicht sind.

Eine längerfristige Entwicklung bis zur Marktreife werden voraussichtlich rein batterieelektrisch betriebene Niederflurbürgerbusse mit acht Fahrgastsitzplätzen benötigen. Niederflurfahrzeuge erleichtern insbesondere den Einstieg für mobilitätseingeschränkte Personen (z. B. auch mit Rollatoren), weshalb Bürgerbusverkehre aufgrund der gegebenen Nutzerstruktur ein attraktives Einsatzfeld bilden. Da die Antriebsbatterien für Elektrofahrzeuge bisher im Unterboden der Fahrzeuge verbaut werden, ergibt sich diesbezüglich eine besondere Herausforderung.

Wirtschaftlichkeit des Mobilitätsansatzes

Bei alleiniger Betrachtung der Betriebskosten für den laufenden Bürgerbusbetrieb empfiehlt sich der Einsatz eines e-Fahrzeuges aufgrund der deutlich geringeren Antriebskosten gegenüber einem konventionellen Dieselfahrzeug. Auch sind grundsätzlich niedrigere Kosten für die Fahrzeugunterhaltung zu erwarten, da Elektrofahrzeuge bezüglich der Wartung eine Reihe von Vorteilen gegenüber Fahrzeugen mit Verbrennungsmotoren aufweisen (z. B. sind weniger Bauteile mechanischen oder kinetischen Kräften ausgesetzt, keine Notwendigkeit von Motorschmierstoffen oder Luftfiltern). Die Tatsache, dass die auf Basis des Testzeitraums ermittelten Fahrzeugunterhaltungskosten für das e-Fahrzeug höher ausfallen als im Mittel bei den Dieselfahrzeugen der untersuchten Anwendungskommunen (vgl. Abschnitt 6.2.10), ist darauf zurückzuführen, dass es sich um ein Pilotfahrzeug und einen verhältnismäßig kurzen Testzeitraum (7 Monate) handelt. Die bei Pilotanwendungen / Testeinsätzen üblicherweise im Anfangszeitraum verstärkt auftretende Notwendigkeit von Wartungen und ggf. Reparaturen können durch eine gezielte Weiterentwicklung des Fahrzeugs sowie eine optimierte Schulung des ehrenamtlichen Fahrpersonals (z. B. bei der Durchführung von Ladevorgängen) nach einer gewissen Anlaufzeit in der Regel deutlich reduziert werden.

Unter Einbezug der Kosten für die Fahrzeuganschaffung zeigt sich jedoch ein umgekehrtes Bild (vgl. Abschnitt 6.2.10): Die gegenüber einem vergleichbaren Dieselfahrzeug günstigeren Antriebskosten können den derzeit deutlich höheren Anschaffungspreis für einen elektrisch betriebenen Bürgerbus nur zu einem geringen Teil ausgleichen. Auch bei Berücksichtigung einer Förderung von 50 % der Mehrkosten gegenüber dem Kauf eines konventionellen Fahrzeugs verbleiben nicht unerhebliche Mehrkosten pro Jahr. Mit steigender Betriebsleistung verringern sich die Mehrkosten zwar, aber erst bei einem für Bürgerbusverkehre unrealistisch hohen Wert könnten gegenüber einem Dieselfahrzeug Betriebskosten eingespart werden.

Neben den Betriebskosten sollten ebenfalls die vor Ort in der Kommune entstehenden Nutzen, die aus dem Einsatz eines e-Fahrzeugs resultieren, berücksichtigt werden. Hierunter fallen vor allem vermiedene Emissionen von CO_2 und sonstigen Luftschadstoffen sowie eine Verringerung des durch das Bürgerbusfahrzeug erzeugten Fahrgeräuschs. Aber auch eine noch positivere Wahrnehmung und größere Akzeptanz des Bürgerbusses seitens der Fahrgäste oder der Bevölkerung sind möglich. Im vorliegenden Projekt wurden ausschließlich die vor Ort erzeugten Emissionen von CO_2 und sonstigen Schadstoffen monetarisiert und in den Vergleich der fahrzeugabhängigen Kosten einbezogen (vgl. Abschnitt 6.2.10). Dies ergibt eine weitere Verringerung der jährlichen Mehrkosten gegenüber einem konventionellen Fahrzeug, ein Einspareffekt ist bei den im Bürgerbusverkehr gängigen Betriebsleistungen jedoch noch nicht zu verzeichnen.

Nachhaltigkeit des Mobilitätsansatzes

Vor dem Hintergrund globaler und lokaler Umwelt- und Klimaschutzziele sowie der Energiepolitik, auch im Kontext der Nachhaltigkeit und im Besonderen der nachhaltigen Mobilität ist die Elektromobilität ein Baustein, um Verkehre umweltfreundlicher zu gestalten. Dabei spielen exemplarisch Aspekte der lokalen Emissionsfreiheit im gleichen Maße eine Rolle wie der Aspekt der Dekarbonisierung durch den Verzicht auf die Nutzung fossiler Brennstoffe zur Senkung der Treibhausgas- und Stickoxidemissionen. Grundvoraussetzung für die Reduktion negativer Umweltwirkungen ist die Verwendung von Strom im Betrieb aus erneuerbaren Energiequellen.

Darüber hinaus müssen in einer ganzheitlichen Perspektive auch umweltrelevante Einflussfaktoren berücksichtigt werden, die neben dem Betrieb eines e-Fahrzeugs auch die Herstellung und die Außerdienststellung (Recycling) von e-Fahrzeugen berücksichtigen. Die während der Herstellung eines Elektrofahrzeugs anfallenden Treibhausgase sind heutzutage höher als die von konventionell betriebenen Fahrzeugen. Geringere Emissionen während des Betriebs von e-Fahrzeugen führen über die Nutzungsdauer des Fahrzeugs aber in der Regel dazu, dass e-Fahrzeuge bezogen auf die Treibhausgasemission umweltfreundlicher sind. [Hacker et al. 2015]

In Verbindung mit der Grundidee des Bürgerbusansatzes nach dem Prinzip „Bürger fahren für Bürger" resultiert damit ein Mobilitätsansatz, der durch bürgerschaftliches Engagement und den Einsatz der Elektromobilität den öffentlichen Nahverkehr vor allem in kleineren Städten und Gemeinden nachhaltig verbessern kann.

Schlussfolgerung

Da Bürgerbusverkehre nahezu optimale Einsatzbedingungen für die Elektromobilität bieten und der Mobilitätsansatz elektrisch betriebener Bürgerbusverkehre insgesamt zu einer nachhaltigen Verbesserung des öffentlichen Nahverkehrs vor allem in ländlich geprägten Räumen beiträgt, ist der Einsatz von e-Fahrzeugen im Bürgerbusbetrieb grundsätzlich sinnvoll und zu empfehlen.

Die wesentliche Herausforderung besteht dabei vor allem in der Entwicklung geeigneter und kostengünstiger Fahrzeuge. Während die Herstellung geeigneter Fahrzeuge (insbesondere Zurverfügungstellung von acht Fahrgastsitzplätzen bei Einhaltung eines Fahrzeuggesamtgewichts von maximal 3,5 t) bereits in unmittelbarer Aussicht steht, verbleibt ein erheblicher Bedarf an der Weiterentwicklung kostengünstiger Fahrzeuge sowie damit verbunden an der Herstellung von Serienfahrzeugen in diesem Fahrzeugsegment. Hier gilt es seitens der Politik durch ausreichend attraktive Förderungen weitere Entwicklungsschritte in der Fahrzeugindustrie anzustoßen und den Markthochlauf anzuregen.

Da das Interesse von mit bürgerschaftlichem Engagement betriebenen lokalen Mobilitätsangeboten an alternativen Fahrzeug- und Antriebskonzepten hoch ist und diese Mobilitätsangebote ein optimales Einsatzszenario für die Elektromobilität bilden, wird weiterhin die Schaffung eines geeigneten Förderprogramms empfohlen, welches bereits heute die genannten Potentiale im Bereich dieser Mobilitätsansätze nutzt und erschließt. Wie die durchgeführte Wirtschaftlichkeitsbetrachtung zeigt, reicht hierfür eine alleinige Förderung von 50 % der Mehrkosten gegenüber dem Kauf eines konventionellen Bürgerbusfahrzeugs derzeit nicht aus. Die in Baden-Württemberg existierende Landesförderung für alternative Antriebe im ÖPNV zielt zudem nicht schwerpunktmäßig auf solche ehrenamtlich betriebenen lokalen Mobilitätsangebote. [NVBW 2017]

8   Ausblick

Die Ergebnisse des Forschungsprojektes „e-Bürgerbus" haben gezeigt, dass die wesentlichen Herausforderungen für den zukünftigen Einsatz von e-Fahrzeugen im Bürgerbusverkehr im Bereich der Fahrzeugentwicklung liegen. Insbesondere sind Konzepte zu entwickeln, die eine Umsetzung von Barrierefreiheit während des gesamten Fahrtvorgangs ermöglichen. Hierzu gehören ein ebenerdiger Ein- und Ausstieg ebenso wie eine Vorrüstung zum Rollstuhltransport oder genügend Raum für Kinderwagen und Rollatoren.

Die Herstellung von Niederflurfahrzeugen u. a. zur Erleichterung des Ein- und Ausstiegs für mobilitätseingeschränkte Personen wird hierbei in der Zukunft ein zentrales Thema sein. Dies stellt eine zentrale Herausforderung an die Fahrzeuglieferanten dar, zumal sich je nach Ausführung der Basisfahrzeuge gänzlich unterschiedliche Ausgangsvoraussetzungen für den Elektroantrieb ergeben (z. B. durch Front-/ Heckantrieb). Dabei muss das Spannungsverhältnis des maximal zulässigen Gesamtgewichts von 3,5 Tonnen in Kombination mit dem Batteriegewicht und der dann noch verfügbaren Fahrgastsitzplätze aufgelöst werden.

Bezüglich der politischen Rahmenbedingungen ist es nach wie vor so, dass die im Zuge der 4. Ausnahmeverordnung zur Fahrerlaubnisverordnung (FeV) geltende Erhöhung des zulässigen Gesamtgewichts auf 4,25 Tonnen für e-Fahrzeuge für den Gütertransport nicht auf den Personentransport übertragen wurde (vgl. [BGBl 2014]). Die EU-Kommission hat dieses Gesuch im Juli 2016 ablehnend beschieden, weshalb die technologische Weiterentwicklung elektrisch betriebener Minibusse weiterhin uneingeschränkte Dringlichkeit besitzt.

Vor dem Hintergrund der Relevanz dieser Fahrzeuge, z. B. auch für innerstädtische Verkehre als Stadtbus sowie für den Gütertransport bei KEP-Diensten, wird in der Elektrifizierung der Fahrzeugklasse leichter Nutzfahrzeuge grundsätzlich ein enormes Potential für die Marktdurchdringung gesehen[23].

---

[23] Studien im Kontext der Wirtschaftlichkeit zeigen, dass diese Fahrzeugklasse noch nicht hinreichend untersucht wurde (vgl. [Hacker et al. 2015])

Mit Blick auf eine Verstetigung des Mobilitätskonzepts „Bürgerbus" lässt sich durch die Projektergebnisse unabhängig vom Fahrzeugeinsatz eine grundsätzliche Tragfähigkeit des Mobilitätsansatzes in den Anwendungskommunen erkennen. Dies zeigt beispielsweise die untersuchte Entwicklung der Anzahl des ehrenamtlichen Fahrpersonals, der Fahrgastzahlen sowie der jährlichen Einnahmen und Ausgaben im Bürgerbusbetrieb. Im Vergleich der Anwendungskommunen untereinander wurden auch Potentiale für die zukünftige Weiterentwicklung dieses Mobilitätskonzeptes ersichtlich, zum Beispiel in den Bereichen Vermarktung und Fahrzeugwerbung.

Darüber hinaus bildet die Integration der Fahrpläne in die Datendrehscheibe Baden-Württemberg einen anstehenden Entwicklungsschritt, um die Bürgerbusverkehre an wichtigen Verknüpfungspunkten mit dem ÖPNV in die Anschlusssicherung und das dynamische Fahrgastinformationssystem einzubeziehen.

Die Erkenntnisse aus diesem Projekt können weitere Kommunen sowie neue Bürgerbusvereine beim Aufbau eines Bürgerbuskonzeptes unterstützen und insbesondere in Verbindung mit einer gewünschten Elektromobilitätslösung eine wichtige Orientierung geben.

9 Anhang I: Datenerhebungsbogen Analyse Anwendungskommunen

Abbildung 9-1: Datenerhebungsbogen Seite 1

<table>
<tr><td colspan="2">Datenerhebungsbogen
Bürgerbusverein Name</td><td>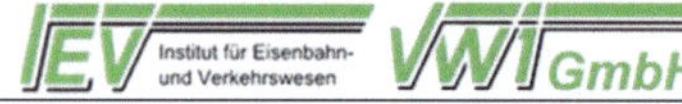</td></tr>
</table>

Themenbereich Fahrzeug	
(Bei Zurverfügungstellung von Unterlagen wie Fahrzeugbroschüre, Kaufvertrag o.ä. können diese durch das IEV selbst ausgewertet werden. In dem Fall sind auf dieser Seite nur Angaben in den grauen Feldern nötig.)	
Erhebungsmerkmal	**Angabe durch Bürgerbusverein**
Fahrzeuganzahl (Stand 30.09.2014)	
Fahrzeug 1: *	-
Marke/Hersteller + Modell	
Zulässiges Gesamtgewicht in Tonnen	
Motorleistung in Kilowatt	
Gesamtkraftstoffverbrauch 2013 in Liter	
Gesamtfahrleistung 2013 in Kilometer	
Anzahl Sitzplätze (ohne Fahrersitz) **	
Art des Einstieges (z.B. Niederflur, ausfahrbare Trittstufe, Rampe) Mehrfachnennung möglich	
Sitze im Niederflurbereich (ja/nein)	
Beförderungsmöglichkeit für Rollstuhl, nicht zusammengeklappt (ja/nein)	
Beförderungsmöglichkeit für Kinderwagen, nicht zusammengeklappt (ja/nein)	
Beförderungsmöglichkeit für Rollator, nicht zusammengeklappt (ja/nein)	
Vom Fahrersitz aus bedienbare Türöffnung (ja/nein)	
Integrierte Innenraumbeleuchtung (ja/nein)	
Integrierte Einrichtung zum Fahrkartenverkauf (ja/nein)	
Linienbeschilderung vorne (ja/nein)	
Linienbeschilderung hinten (ja/nein)	

* Bei mehr als einem Fahrzeug bitte nachstehende Zeilen kopieren und an die Tabelle anfügen bzw. bei handschriftlichem Ausfüllen diese Seite mehrmals ausdrucken.

** Zur Sitzplatzanordnung dem Erhebungsbogen bitte Fotos oder eine Skizze beifügen.

Seite 2

Abbildung 9-2:   Datenerhebungsbogen Seite 2

Datenerhebungsbogen
Bürgerbusverein *Name*

IEV — Institut für Eisenbahn- und Verkehrswesen — VWI GmbH

Themenbereich Fahrgastaufkommen	
(Bei Zurverfügungstellung entsprechender Rohdaten zu den Fahrgastzahlen können diese durch das IEV selbst ausgewertet werden. In dem Fall sind auf den Seiten 3 u. 4 nur Angaben in den grauen Feldern nötig.)	
Erhebungsmerkmal	**Angabe durch Bürgerbusverein**
Gesamtfahrgastzahl 2013	
Gesamtfahrgastzahl 2013 ohne Sondereinsätze (z.B. Feste)	
Anzahl der Betriebswochen 2013	
Gesamtfahrgastzahl 2013 für Bedientag Montag	
Gesamtfahrgastzahl 2013 für Bedientag Dienstag	
Gesamtfahrgastzahl 2013 für Bedientag Mittwoch	
Gesamtfahrgastzahl 2013 für Bedientag Donnerstag	
Gesamtfahrgastzahl 2013 für Bedientag Freitag	
Gesamtfahrgastzahl 2013 für Bedientag Sonnabend	
Gesamtfahrgastzahl 2013 für Bedientag Sonntag	
Gesamtfahrgastzahl Januar 2013	
Gesamtfahrgastzahl Februar 2013	
Gesamtfahrgastzahl März 2013	
Gesamtfahrgastzahl April 2013	
Gesamtfahrgastzahl Mai 2013	
Gesamtfahrgastzahl Juni 2013	
Gesamtfahrgastzahl Juli 2013	
Gesamtfahrgastzahl August 2013	
Gesamtfahrgastzahl September 2013	

Seite 3

Abbildung 9-3:   Datenerhebungsbogen Seite 3

Datenerhebungsbogen
Bürgerbusverein _Name_

IEV Institut für Eisenbahn- und Verkehrswesen   VWI GmbH

Gesamtfahrgastzahl Oktober 2013	

Themenbereich Fahrgastaufkommen	
Erhebungsmerkmal	**Angabe durch Bürgerbusverein**
Gesamtfahrgastzahl November 2013	
Gesamtfahrgastzahl Dezember 2013	
Gesamtfahrgastzahl 2012	
Gesamtfahrgastzahl 2011	
Gesamtfahrgastzahl 2010	
Gesamtfahrgastzahl 2009	
Mittlere Häufigkeit Anfahrt Bedarfsabschnitt Fahrtroute xx pro Bedientag	
Daten zu Fahrgastzählungen an Streckenquerschnitten liegen vor (ja/nein) *	
Daten zur Fahrgastverteilung Vormittags und Nachmittags liegen vor (ja/nein) *	
Daten zur Fahrgastverteilung nach Nutzergruppen (z.B. Alter) liegen vor (ja/nein) *	

* Liegen entsprechende Daten vor, wird eine mögliche Nutzung im Anschluss an diese Datenerhebung mit dem Verein abgestimmt.

Abbildung 9-4:   Datenerhebungsbogen Seite 4

Datenerhebungsbogen
Bürgerbusverein *Name*

Themenbereich FahrerInnen	
Erhebungsmerkmal	**Angabe durch Bürgerbusverein**
Anzahl der ehrenamtlichen FahrerInnen (Stand 31.12.2013)	
davon weiblich	
davon männlich	
Anzahl neue FahrerInnen 2013	
Anzahl neue FahrerInnen 2012	
Anzahl neue FahrerInnen 2011	
Anzahl neue FahrerInnen 2010	
Anzahl neue FahrerInnen 2009	
Anzahl ausgeschiedene FahrerInnen 2013	
Anzahl ausgeschiedene FahrerInnen 2012	
Anzahl ausgeschiedene FahrerInnen 2011	
Anzahl ausgeschiedene FahrerInnen 2010	
Anzahl ausgeschiedene FahrerInnen 2009	
Mittlere monatliche Einsatzzeit der FahrerInnen in Stunden (auf Grundlage 2013) *	
Mittleres Alter der FahrerInnen * (Stand 31.12.2013)	
Art der Unfallversicherung der FahrerInnen (z.B. direkt o. über Verkehrsunternehmen)	

* Bei Zurverfügungstellung entsprechender Rohdaten können diese durch das IEV selbst ausgewertet werden. In diesem Fall ist keine Angabe erforderlich.

Seite 5

Abbildung 9-5: Datenerhebungsbogen Seite 5

Datenerhebungsbogen
Bürgerbusverein *Name*

IEV Institut für Eisenbahn- und Verkehrswesen VWI GmbH

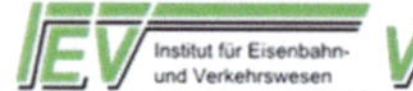

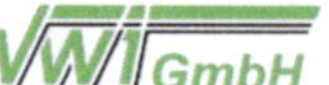

Themenbereich FahrerInnen	
Erhebungsmerkmal	**Angabe durch Bürgerbusverein**
Anzahl der ehrenamtlichen FahrerInnen (Stand 31.12.2013)	
davon weiblich	
davon männlich	
Anzahl neue FahrerInnen 2013	
Anzahl neue FahrerInnen 2012	
Anzahl neue FahrerInnen 2011	
Anzahl neue FahrerInnen 2010	
Anzahl neue FahrerInnen 2009	
Anzahl ausgeschiedene FahrerInnen 2013	
Anzahl ausgeschiedene FahrerInnen 2012	
Anzahl ausgeschiedene FahrerInnen 2011	
Anzahl ausgeschiedene FahrerInnen 2010	
Anzahl ausgeschiedene FahrerInnen 2009	
Mittlere monatliche Einsatzzeit der FahrerInnen in Stunden (auf Grundlage 2013) *	
Mittleres Alter der FahrerInnen * (Stand 31.12.2013)	
Art der Unfallversicherung der FahrerInnen (z.B. direkt o. über Verkehrsunternehmen)	

* Bei Zurverfügungstellung entsprechender Rohdaten können diese durch das IEV selbst ausgewertet werden. In diesem Fall ist keine Angabe erforderlich.

Seite 5

Abbildung 9-5: Datenerhebungsbogen Seite 5

<table>
<tr><td>Datenerhebungsbogen
Bürgerbusverein Name</td><td></td></tr>
</table>

Themenbereich Fahrplanung	
Erhebungsmerkmal	**Angabe durch Bürgerbusverein**
Fahrplan 2014 identisch mit 2013 (ja/nein)	
Anzahl Sondereinsätze 2013 (z.B. bei Festen)	
Art und Zeit der Sondereinsätze (zu welchen Veranstaltungen, an welchem Datum)	
Strecke einschließlich Haltestellen, die bei Sondereinsatz 1 bedient wird	
Bedienungshäufigkeit bei Sondereinsatz 1	
Strecke einschließlich Haltestellen, die bei Sondereinsatz 2 bedient wird *	
Bedienungshäufigkeit bei Sondereinsatz 2	
Anzahl zukünftig geplanter Sondereinsätze im Jahr	
Art und Zeit der zukünftig geplanten Sondereinsätze im Jahr	
Anzahl fahrplanmäßig bestehender Anschlüsse (z.B. zu Bus oder Bahn)	
Linien (z.B. Bus- oder Bahnlinie), zu denen die fahrplanmäßigen Anschlüsse bestehen	
Abstellorte Fahrzeug während Einsatzpausen (mit Angabe ob überdacht oder nicht)	
Fahrzeugnutzung außerhalb von Bürgerbusbetrieb und Sondereinsätzen (ja/nein)	

* Bei mehr als zwei Sondereinsatzarten bitte diese und die folgende Zeile kopieren und für weitere Sondereinsätze ausfüllen bzw. bei handschriftlichem Ausfüllen diese Seite mehrmals ausdrucken.

Themenbereich Konzessionsvergabe	
Erhebungsmerkmal	**Angabe durch Bürgerbusverein**
Konzessionsträger	
Jahr der Konzessionserteilung	
Konzessionsdauer in Jahren (ab Erteilung)	
Wie ist die Übertragung der Konzession auf den Bürgerbusverein geregelt?	

Seite 6

Abbildung 9-6: Datenerhebungsbogen Seite 6

<table>
<tr><td colspan="2">Datenerhebungsbogen
Bürgerbusverein Name</td><td>IEV Institut für Eisenbahn- und Verkehrswesen VWI GmbH</td></tr>
</table>

Themenbereich Finanzierung und Wirtschaftlichkeit	
Erhebungsmerkmal	**Angabe durch Bürgerbusverein**
Einnahmen aus Bürgerbusbetrieb 2013 in Euro	
davon aus Fahrkartenverkauf	
davon aus Werbung am oder im Fahrzeug oder an Haltestellen	
davon Sonstiges (mit Art der Einnahmen)	
Weitere Einnahmen des Bürgerbusvereins 2013 in Euro	
davon Mitgliedsbeiträge	
davon Spenden	
davon Sonstiges (mit Art der Einnahmen)	
Ausgaben Bürgerbusbetrieb 2013 in Euro	
davon Kraftstoffkosten	
davon Fahrzeugunterhaltungskosten inkl. Wartung, Reparaturen	
davon Fahrerausbildung	
davon Fahrerfortbildung	
davon Fahrplanerstellung und -verbreitung	
davon Fahrkartendruck / -verkauf	
davon Öffentlichkeitsarbeit	
davon Versicherung Fahrzeug	
davon Versicherung für Fahrer	
davon Investitionen in Haltestellen	
davon Sonstiges (mit Art der Ausgaben)	

Seite 7

Abbildung 9-7:   Datenerhebungsbogen Seite 7

10 Anhang II: ÖPNV-Erschließung der Anwendungskommunen

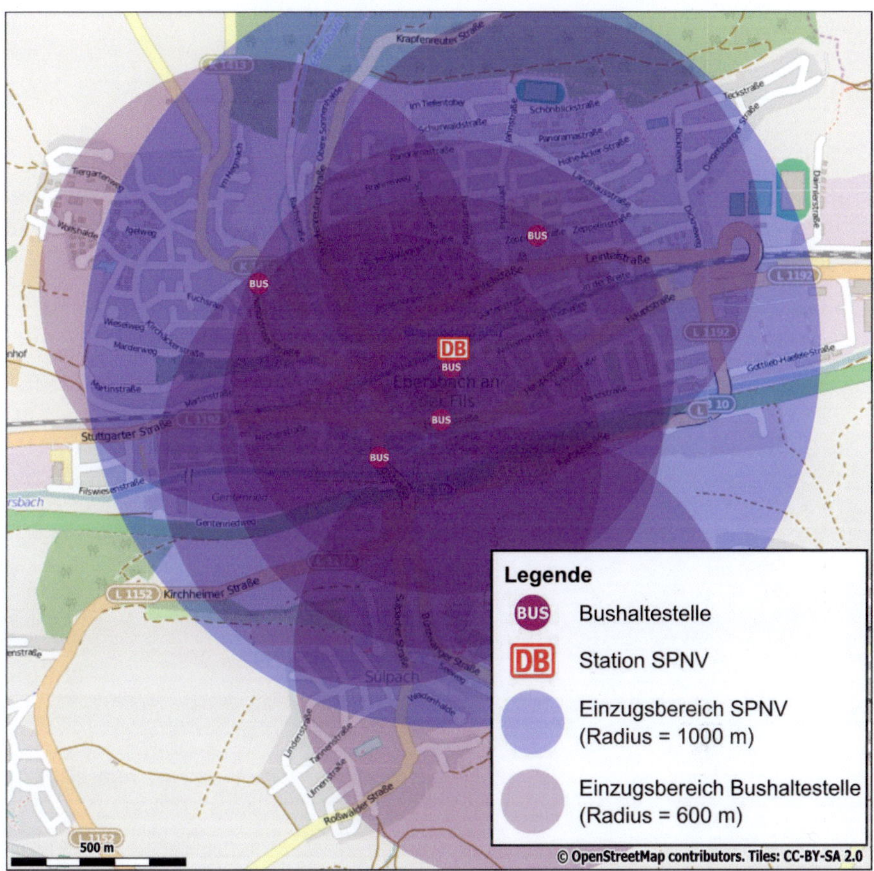

Abbildung 10-1: ÖPNV-Erschließung (ohne Bürgerbus) Ebersbach (Stand 2015, Kartengrundlage: OSM)

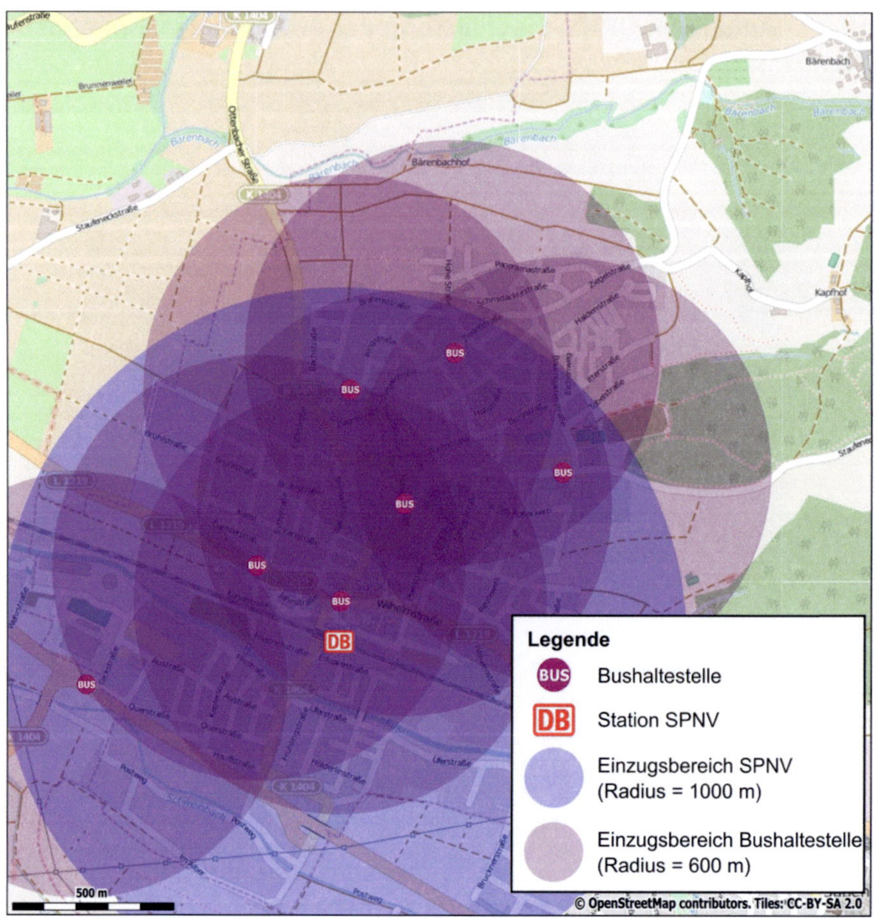

Abbildung 10-2: ÖPNV-Erschließung (ohne Bürgerbus) Salach (Stand 2015, Karten-grundlage: OSM)

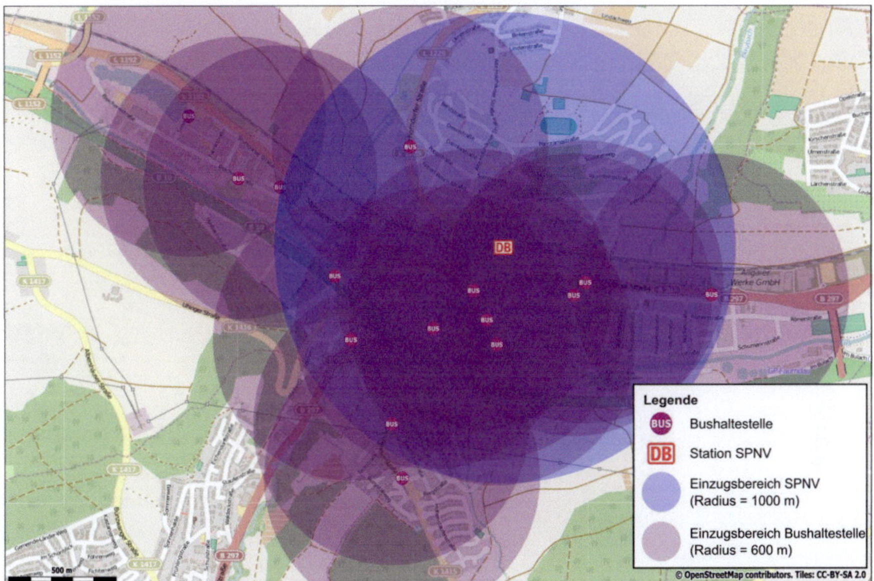

Abbildung 10-3: ÖPNV-Erschließung (ohne Bürgerbus) Uhingen (Stand 2015, Kartengrundlage: OSM)

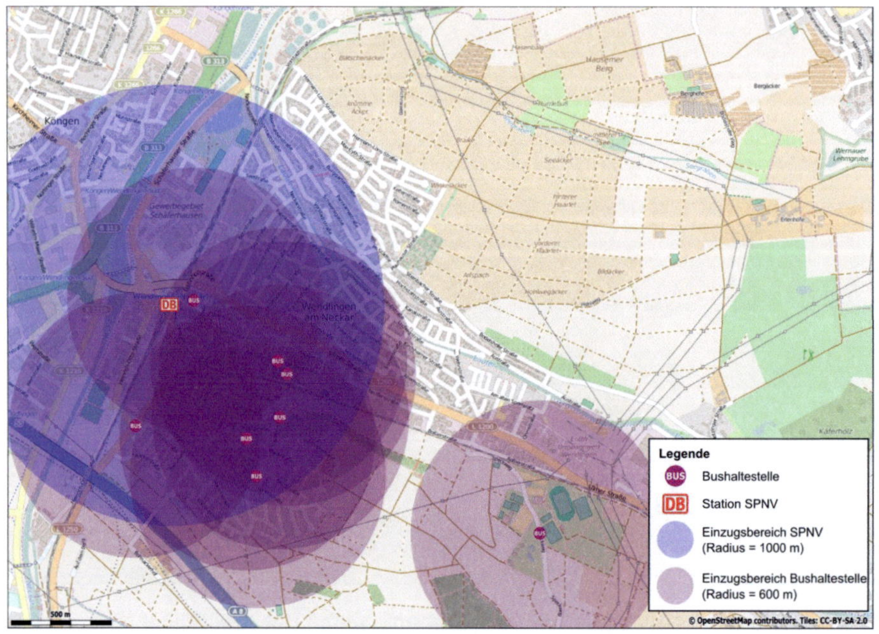

Abbildung 10-4: ÖPNV-Erschließung (ohne Bürgerbus) Wendlingen (Stand 2015, Kartengrundlage: OSM)

11 Anhang III: Verlauf der Bürgerbuslinie in den Anwendungskommunen

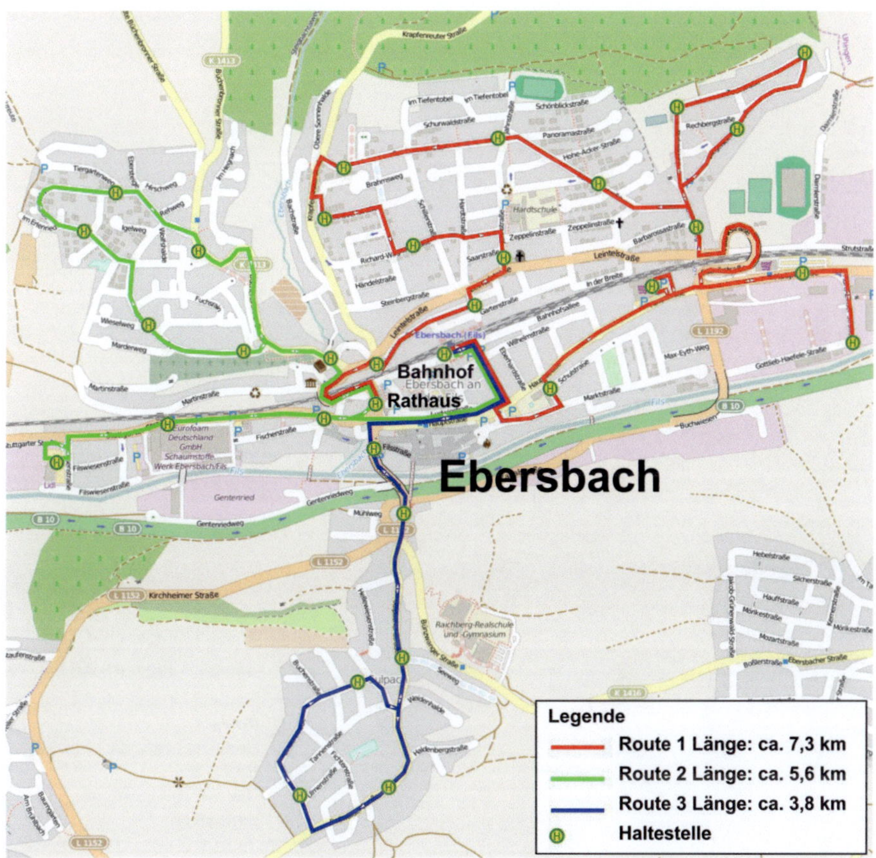

Abbildung 11-1: Linienverlauf Bürgerbus Ebersbach (Stand 2013, Kartengrundlage: OSM)

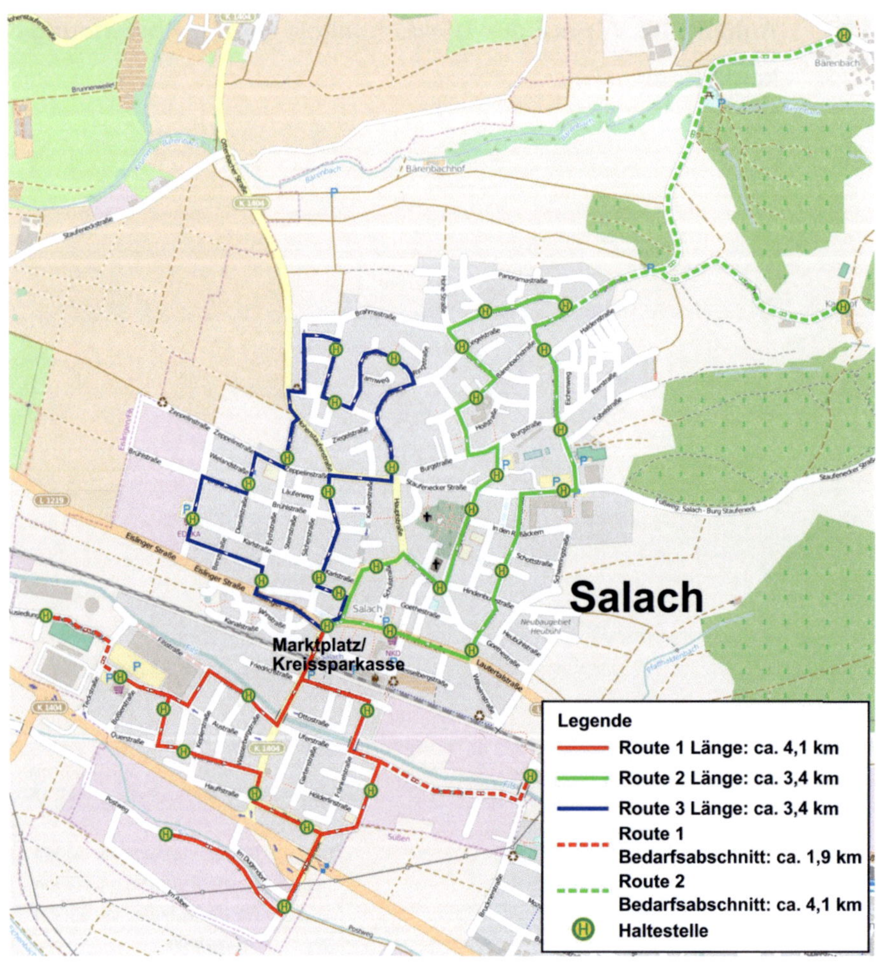

Abbildung 11-2: Linienverlauf Bürgerbus Salach (Stand 2013, Kartengrundlage: OSM)

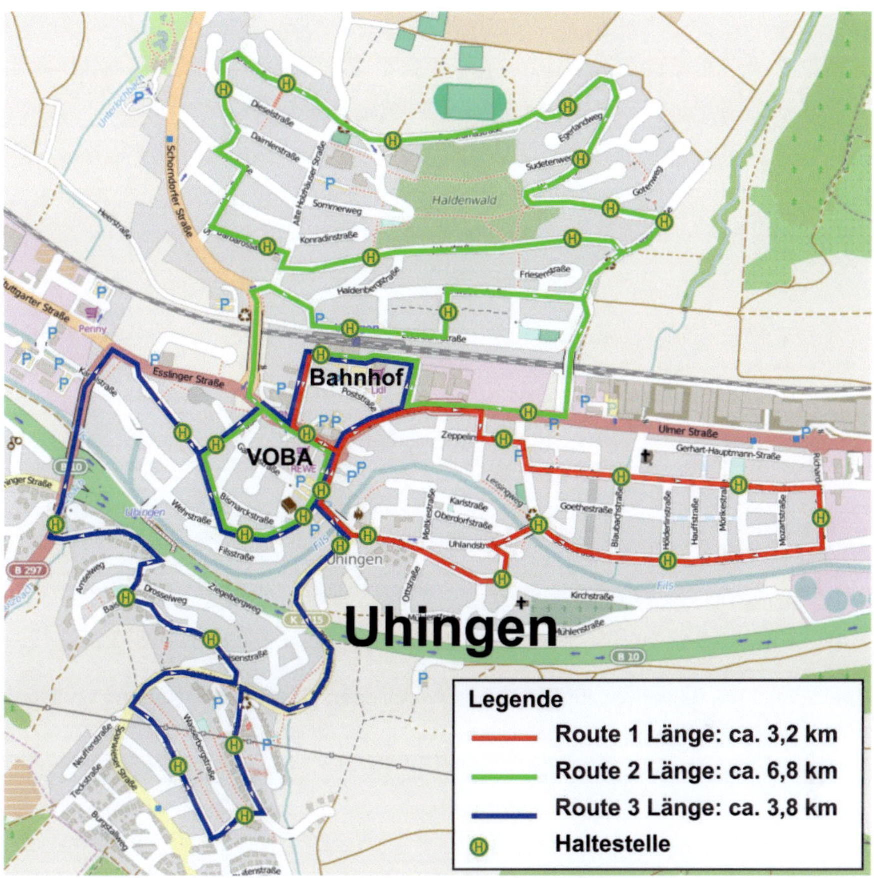

Abbildung 11-3: Linienverlauf Bürgerbus Uhingen (Stand 2013, Kartengrundlage: OSM)

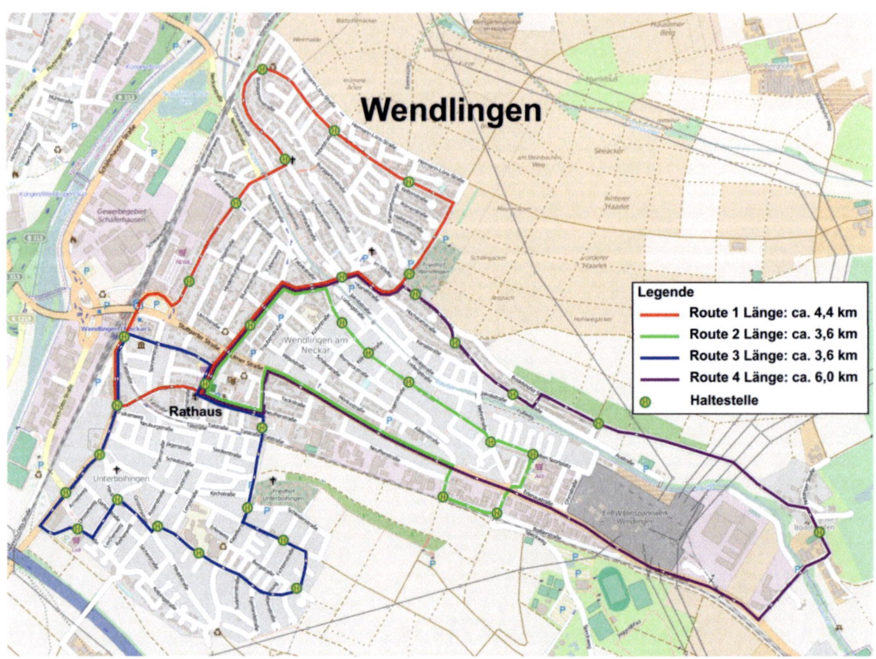

Abbildung 11-4: Linienverlauf Bürgerbus Wendlingen (Stand 2013, Kartengrundlage: OSM)

12 Anhang IV: Höhenprofile der Linien in den Anwendungskommunen

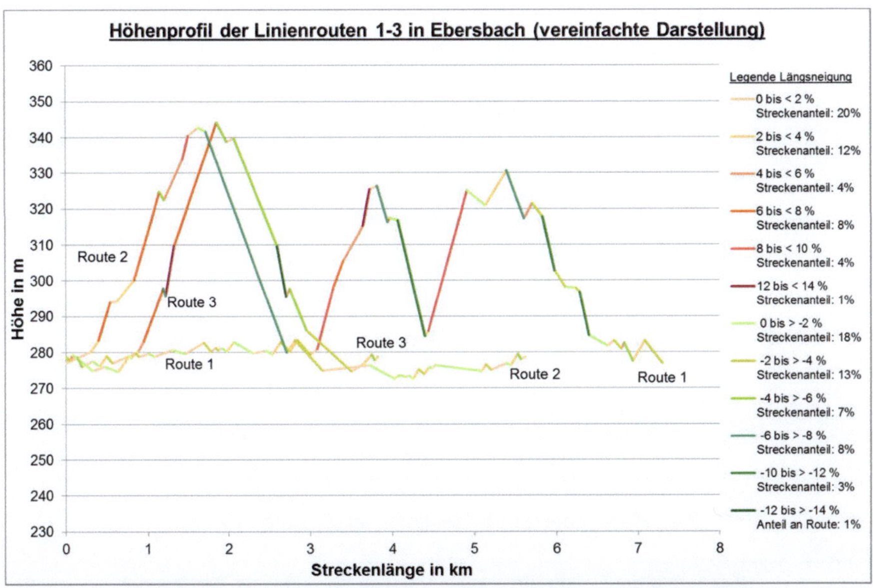

Abbildung 12-1: Höhenprofil der Bürgerbuslinie Ebersbach (Stand 2013)

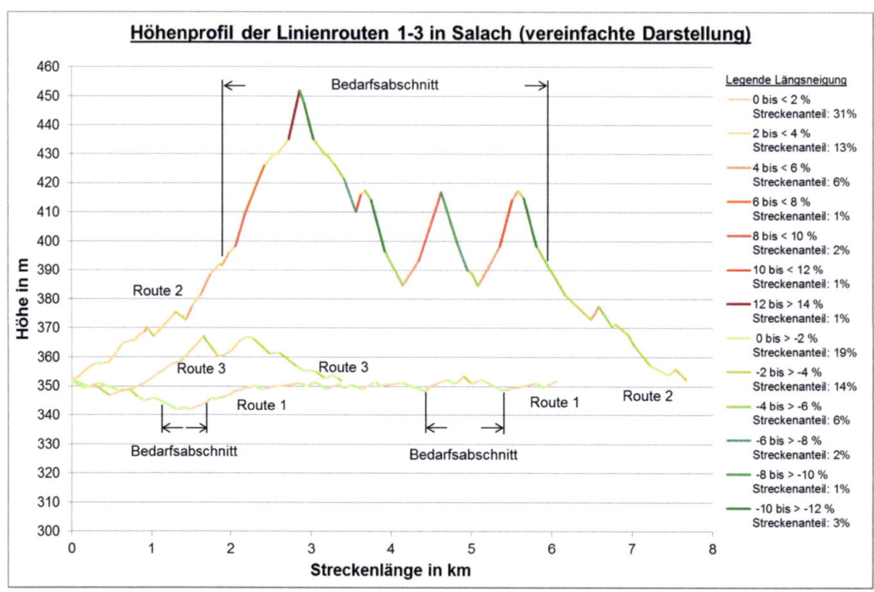

Abbildung 12-2: Höhenprofil der Bürgerbuslinie Salach (Stand 2013)

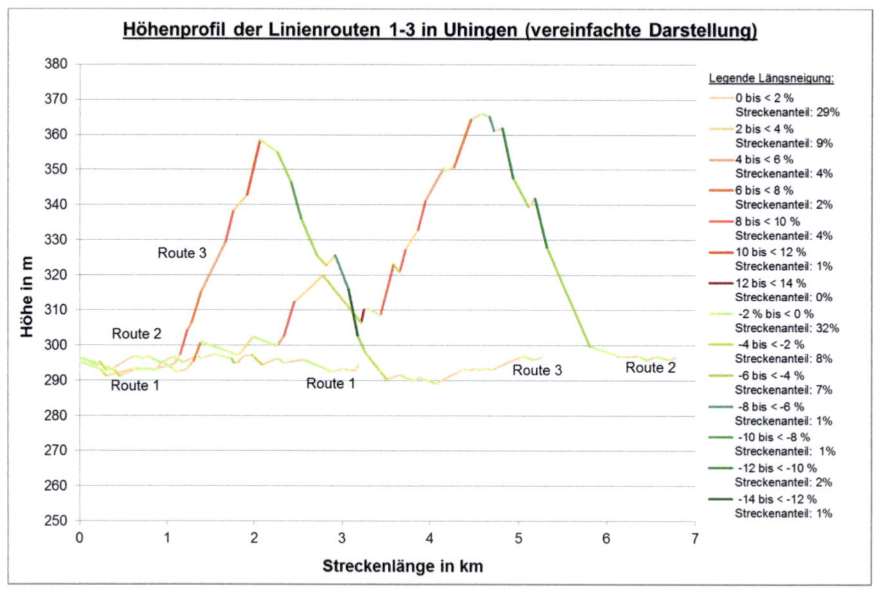

Abbildung 12-3: Höhenprofil der Bürgerbuslinie Uhingen (Stand 2013)

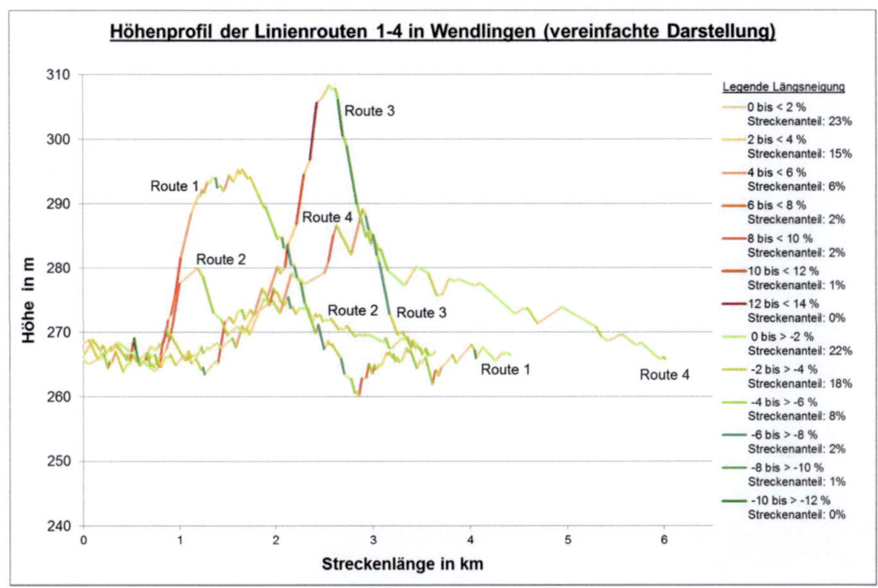

Abbildung 12-4: Höhenprofil der Bürgerbuslinie Wendlingen (Stand 2013)

13   Anhang V: Lastenheft e-Bürgerbus

Anforderungsgruppe
*Anforderungen [Priorität: Essentiell (Prio 1, „muss"),
Erforderlich (Prio 2, „sollte"), Wünschenswert (Prio 3, "wird")]*

1	**Generell (G)**	**Priorität**
G1	Max. Gewicht von 3,5 Tonnen	Essentiell
G2	8 Fahrgastplätze + Platz für Fahrer (Einhaltung von Gewicht)	Erforderlich
G3	Einstufung als Pkw (Führerscheinklasse B nutzbar)	Essentiell
G4	Langversion (Beförderung von Gepäck, Rollstühlen,…)	Erforderlich
G5	Durchgangshöhe mind. 1,90 m	Wünschenswert
G6	Außengestaltung CD-konform	Erforderlich
G7	Zulassung durch zuständige Zulassungsbehörde	Essentiell
G8	Gewährleistung Einsatzfähigkeit in Stuttgart	Essentiell
2	**Linienausstattung (L)**	
L1	Elektrisch oder hydraulisch betriebene Fahrgasttür	Essentiell
L2	Liniengerechte Sitze	Essentiell
L3	Sicherheitsgurte je Sitz (keine Stehplätze)	Essentiell
L4	Linienbeschilderung integrierbar	Erforderlich
L5	Platz zum Einrichten von Fahrkartenverkauf/-drucker	Erforderlich
3	**Motor, Antrieb (M)**	
M1	Ausreichende Motorisierung sollte vorhanden sein	Erforderlich
4	**Reichweite (RW)**	
RW1	Tagesreichweite (mind. 150 km)	Erforderlich
5	**Einstieg (E)**	
E1	Niederflurteil (mind. im Einstiegsbereich)	Wünschenswert
E2	Wenn kein Niederflurteil, Einstiegshöhe minimieren	Essentiell
E3	Ausreichende Zahl von Haltegriffen	Wünschenswert
6	**Rollstuhlbeförderung (RB)**	
RB1	Befestigungsmöglichkeit (für mind. einen)	Erforderlich
RB2	Hochflur: anlegbare Rampe	Essentiell
RB3	Niederflur: Auffahrrampe	Essentiell
RB4	Rollstuhllift	Wünschenswert
7	**Ausstattung (A)**	
A1	Integrierte Busbeleuchtung	Essentiell
A2	Integrierte Busbeleuchtung (dimmen für die Nacht)	Wünschenswert
A3	Heizungskonzept für Normalbetrieb	Wünschenswert
A4	Befestigungsmöglichkeiten (Fahrgastinformationen)	Erforderlich
A5	Mobiltelefon-Vorbereitung (Freisprechanlage)	Essentiell
8	**Datenlogging/Messwerteerfassung (D)**	
D1	Systematische Sammlung von Fahrzeugdaten der -nutzung	Erforderlich
D2	Auswertungssoftware/-tools/App vorhanden	Erforderlich
D3	Auswertungsreports/-vorlagen vorhanden	Erforderlich
D4	Zurverfügungstellung der Daten für Forschungsprojekte	Essentiell
D5	Datenauslese im Fahrzeug	Erforderlich
D6	Ortsunabhängige Datenauslese	Wünschenswert
9	**Ladeinfrastruktur (LI)**	
LI1	Konduktive Ladung	Essentiell
LI2	Induktive Ladung	Wünschenswert
LI3	Ladeinfrastruktur mit Fahrzeug bestellbar, Name und Modellbez.	Essentiell
10	**Wirtschaftliche Eckdaten (W)**	-
W1	Budgetärer Preisansatz	-
W2	Budgetärer Preisansatz Fahrzeugeinweisung	-
W3	Aufpreis Langversion	-
W4	Umbaukosten	-
W5	Falls vorhanden: Höhe Batterieleasingrate pro Monat	-
W6	Kosten Notladekabel	-
W7	Kosten mobile Schnellladestation	-
W8	Leasingmöglichkeiten	-
W9	Darstellung von Garantie- und Serviceleistungen	-

14 Anhang VI: Fotos e-Bürgerbus

Abbildung 14-1: Fahrzeuginnenraum mit Einzelsitzplatzbestuhlung - Seitenansicht
(Foto: Krams)

Abbildung 14-2: Fahrzeuginnenraum mit Einzelsitzplatzbestuhlung - Heckansicht
(Foto: Krams)

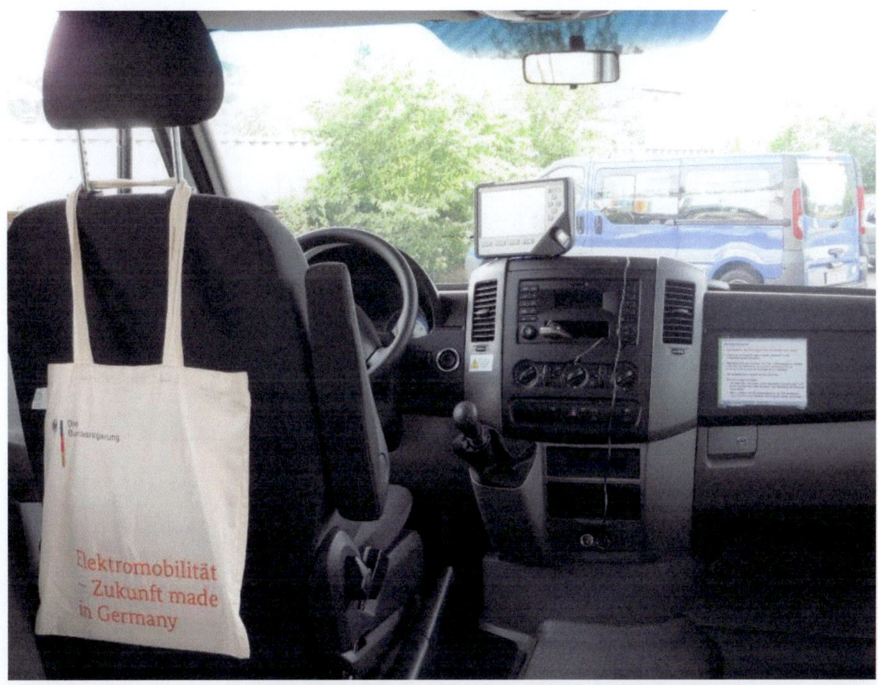

Abbildung 14-3:   Fahrerarbeitsplatz (Foto: Krams)

Abbildung 14-4: Zusatzdisplay im Fahrzeuginnenraum (Foto: Krams)

Abbildung 14-5: Motorinnenraum (Foto: Bui)

Abbildung 14-6:   e-Bürgerbus - Frontansicht (Foto: Schönhofen)

Abbildung 14-7: Fahrzeug - Heckansicht (Foto: Krams)

Abbildung 14-8: Seitenansicht mit Trittstufe (Foto: Krams)

Abbildung 14-9: e-Bürgerbus und Hybridbürgerbus „ELENA" (Foto: Krams)

Abbildung 14-10:   Laden am Betriebshof in Stuttgart (Foto: Krams)

Abbildung 14-11:   Wallbox am Betriebshof Stuttgart (Foto: Krams)

Abbildung 14-12:   Testfahrt in der Stuttgarter Innenstadt (Foto: Krams)

Abbildung 14-13:   Szene einer Fahrerschulung in Salach (Foto: Krams)

Abbildung 14-14:   Szene in der Anwendungskommune Ebersbach (Foto: Maerker)

Abkürzungsverzeichnis

AC	alternating current (Wechselstrom)
B	Bundesstraße
BAB	Bundesautobahn
BOKraft	Verordnung über den Betrieb von Kraftfahrunternehmen im Personenverkehr
CAN	Controller Area Network
CHAdeMO	Aus Japan stammender Schnellladestandard
CO_2	Kohlenstoffdioxid
DC	direct current (Gleichstrom)
EFA-S	ElektroFahrzeuge-Stuttgart
EMOTIF	Elektromobiles Thüringen in der Fläche
GmbH	Gesellschaft mit beschränkter Haftung
GPS	Global Positioning System
IAA	Internationale Automobil-Ausstellung
KEP	Kurier-/Express-/Paketdienst
KöR	Körperschaft des öffentlichen Rechts
kW	Kilowatt
kWh	Kilowattstunde
LIS	Ladeinfrastruktur
Lkw	Lastkraftwagen
MoPad	Tablet-PC der Fa. Tonfunk
NEFZ	Neuer europäischer Fahrzyklus
NOx	Stickoxid

NAMOREG	Nachhaltig mobile Region Stuttgart
NVBW	Nahverkehrsgesellschaft Baden-Württemberg mbH
OEM	Original Equipment Manufacturer (Deutsch: Originalausrüstungshersteller)
ÖPNV	Öffentlicher Personennahverkehr
OSM	OpenStreetMap
PBefG	Personenbeförderungsgesetz
Pkw	Personenkraftwagen
PVI	Power Vehicle Innovation
RB	Regionalbahn
RE	Regional-Express
RLG	Regionalverkehr Ruhr-Lippe GmbH
SPNV	Schienenpersonennahverkehr
UPS	United Parcel Service of America, Inc.
VDV	Verband Deutscher Verkehrsunternehmen
VOL	Vergabe- und Vertragsordnung für Leistungen
VWI	Verkehrswissenschaftliches Institut Stuttgart GmbH
ZE	Zero Emission

Literaturverzeichnis

[BDEW 2016]

BDEW Bundesverband der Energie- und Wasserwirtschaft e. V.: BDEW-Strompreisanalyse Mai 2016. Haushalte und Industrie. Berlin, 2016. [Online] 01.12.2016. https://www.bdew.de.

[BGBl 2014]

Bundesgesetzblatt Jahrgang 2014 Teil I Nr. 63: Vierte Verordnung über Ausnahmen von den Vorschriften der Fahrerlaubnis-Verordnung. 22. Dezember 2014.

[Braitmaier 2015]

Braitmaier, H.: Auf dem Weg zur Alltagstauglichkeit – Wie die Elektromobilität vorankommt, in: FORSCHUNG LEBEN – Das Magazin der Universität Stuttgart, Ausgabe 6, Mai 2015, S. 76-81.

[Burmeister 2007]

Burmeister, J.: Der Bürgerbus - Mehr als ein Lückenbüßer, in: Verkehrszeichen - für Mobilität und Umwelt, 23, 1/07, S. 10-15.

[Dallinger et al. 2011]

Dallinger, D., Doll, C., Gnann, T., Held, M., Kley, F. und Lerch, C. (2011), Gesellschaftliche Fragestellungen der Elektromobilität, Karlsruhe 2011.

[Ebersbach 2015]

Stadt Ebersbach an der Fils: Eberbus – die Ebersbacher Stadtlinie. [Online] 01.04.2015. http://www.ebersbach.de/Eberbus.html.

[Elena 2017]

Elena: Startseite. [Online] 14.02.2017. https://www.elena-phev.com/.

[Electrive 2017]

Electrive: Startseite. [Online] 14.02.2017. https://www.electrive.net/.

[Emovum 2017]

Emovum: Startseite. [Online] 14.02.2017. http://www.emovum.de.

[EU 2014]

Europäische Union: Richtlinien über den Aufbau der Infrastruktur für alternative Kraftstoffe, Richtlinie 2014/94/EU, o.O., 2014.

[Hacker et al. 2015]

Hacker, F., von Waldenfels, R., Mottschall, M.: Wirtschaftlichkeit von Elektromobilität in gewerblichen Anwendungen. Berlin 2015.

[KBA 2016]

Kraftfahrt-Bundesamt: Zulassungsstatistiken Kraftfahrtbundesamt. [Online] 30.09.2016. http://www.kba.de/DE/Statistik/Fahrzeuge/fahrzeuge_node.html.

[Kolks/Fiedler 2003]

Verkehrswesen in der kommunalen Praxis: Planung - Bau - Betrieb, 2. Aufl., Berlin 2003.

[ISO 16355]

Internationale Organisation für Normung: Anwendung von statistischen und verwandten Methoden für neue Technologie und für den Produktentwicklungsprozess - Teil 1: Allgemeine Grundsätze und Perspektiven der QFD-Methode, ISO 16355-1:2015-12.

[Löcker et al. 2014]

Löcker, G., Linnenbrink, W. und Bendrien, S., Bürgerbusse: Von der wachsenden Bedeutung des Ehrenamtes im ÖPNV - Ergänzung in Zeiten und Räumen mit schwacher Nachfrage, in: Der Nahverkehr, 7-8, 2014, S. 14 – 21.

[Martin et al. 2016]

Martin, U., Herzwurm, G., Camacho, D.A., Krams, B.: Ehrenamtlich organisierte Mobilität im ländlichen Raum mit Elektrofahrzeugen: Ergebnisse des Forschungsprojekts „EFB – e-Fahrdienst Boxberg". In: Neues Verkehrswissenschaftliches Journal, Ausgabe 15, Norderstedt 2016.

[Martin et al. 2015]

Martin, U., Herzwurm, G., Krams, B., Hantsch, F., Körner, M.: Besserer Nahverkehr für ländlich geprägte Räume. In: Regiotrans, Informationen für die Wirtschaft. Fachmagazin für den Öffentlichen Personennahverkehr, Ausgabe 2015, S. 10-11.

[MVI BW 2015a]

Ministerium für Verkehr und Infrastruktur Baden-Württemberg: Feststellung des Bürgerbusprogrammes 2015 zur Förderung von Bürgerbussen vom 22. Januar 2015. Stuttgart, 2015.

[MVI BW 2015b]

Ministerium für Verkehr und Infrastruktur Baden-Württemberg: Nachhaltige Mobilität - Für Alle: Strategie des Ministeriums für Verkehr und Infrastruktur, Stuttgart 2015.

[NPE 2014]

Nationale Plattform Elektromobilität: Fortschrittsbericht 2014 - Bilanz der Marktvorbereitung, Berlin 2014.

[NVBW 2015a]

Nahverkehrsgesellschaft Baden-Württemberg mbH: Bürgerbus Baden-Württemberg. Gesamtliste der Verkehre. [Online] 01.04.2015. http://www.buergerbus-bw.de.

[NVBW 2015b]

Nahverkehrsgesellschaft Baden-Württemberg mbH: BürgerBusse in Fahrt bringen – Stationen auf dem Weg zum BürgerBus. Stuttgart 2015.

[NVBW 2015c]

Nahverkehrsgesellschaft Baden-Württemberg mbH (Hrsg., 2015), Bürgerbusse und Gemeinschaftsverkehre: Bausteine der ländlichen Mobilität in Baden-Württemberg. Grundlagenpapier, Stuttgart 2015.

[NVBW 2017]

Nahverkehrsgesellschaft Baden-Württemberg mbH: Leitfaden e-Bürgerbus: Elektrisch ehrenamtlich mobil - Erfahrungen und Empfehlungen für e-Mobilitätsprojekte. Stuttgart 2017.

[PTV/TCI/Mann 2016]

PTV Group, TCI Röhling, Mann H. U.: Methodenhandbuch zum Bundesverkehrswegeplan 2030. Karlsruhe, Berlin, Waldkirch, München, 2016.

[Rahimzei 2015]

Rahimzei, Ehsan: Fragen rund um das Elektrofahrzeug: Wie kommen die Angaben über den Stromverbrauch und die Reichweite von Elektrofahrzeugen zustande? Begleit- und Wirkungsforschung Schaufenster Elektromobilität. Querschnittsthema Fahrzeug. 2015.

[Martin et al. 2015]

Martin, U., Herzwurm, G., Krams, B., Hantsch, F., Körner, M.: Besserer Nahverkehr für ländlich geprägte Räume. In: Regiotrans, Informationen für die Wirtschaft. Fachmagazin für den Öffentlichen Personennahverkehr, Ausgabe 2015, S. 10-11.

[Pro Bürgerbus BW 2016]

Pro Bürgerbus BW e.V.: Startseite. [Online] 14.02.2017. http://www.pro-bürgerbus-bw.de.

[Pro Bürgerbus Niedersachen 2016]

Pro Bürgerbus Niedersachen e.V.: Startseite. [Online] 14.02.2017. https://www.pro-buergerbus-nds.de/.

[Pro Bürgerbus NRW 2016]

Pro Bürgerbus NRW e.V.: Startseite. [Online] 14.02.2017. http://www.pro-buergerbus-nrw.de/.

[Salach 2015]

Bürgerbusverein Salach e.V.: Bürgerbusverein Salach. [Online] 01.04.2015. http://www.sami-salach.de.

[Schaufenster Elektromobilität 2014]

Schaufenster Elektromobilität: Startseite. [Online] 14.02.2017. http://schaufenster-elektromobilitaet.org/.

[Schiefelbusch 2015]

BürgerBusse in Fahrt bringen: Stationen auf dem Weg zum BürgerBus, Stuttgart 2015.

[Statista 2016]

Statista – das Statistikportal: Durchschnittlicher Preis für Dieselkraftstoff in Deutschland in den Jahren 1950 bis 2016. [Online] 01.12.2016. https://de.statista.com/statistik/daten/studie/779/umfrage/durchschnittspreis-fuer-dieselkraftstoff-seit-dem-jahr-1950/.

[Statistik BW 2015]

Statistisches Landesamt Baden-Württemberg: Bevölkerung, Gebiet und Bevölkerungsdichte. [Online] 01.04.2015. http://www.statistik.baden-wuerttemberg.de.

[Uhingen 2015]

Stadt Uhingen: Bürgerbus für Uhingen: ULi - verbindet. [Online] 01.04.2015. http://www.buergerbus-bw.de.

[Wendlingen 2015]

Bürgerbus Wendlingen am Neckar e.V.: Bürgerbus Wendlingen am Neckar. [Online] 01.04.2015. http://www.bürgerbus-wendlingen.de/.

[Wikipedia 2016]

Wikipedia: Liste von Elektoautos in Serienproduktion. [Online] 30.09.2016. https://de.wikipedia.org/wiki/Liste_von_Elektroautos_in_Serienproduktion.

[VDL Bus&Coach 2016]

VDL Bus&Coach: Neu – der VDL MidBasic Electric. [Online] 14.02.2017. http://www.vdlbuscoach.com/News/News-Library/2016/Nieuw--de-VDL-MidBasic-Electric.aspx?lang=de-DE.

[VW e-Crafter 2017]

VW e-Crafter: Ankündigung VW e-Cracter. [Online] 14.02.2017. http://www.auto-news.de/auto/news/anzeige_VW-e-Crafter-Elektro-Lieferwagen-kommt-schon-2017_id_39026.